첫 돌까지
하루 한 장

엄마표 영어 일력

전지영 지음

KB209298

마음을 담은

첫 돌까지 하루 한 장
엄마표 영어 일력

초판 1쇄 발행 2024년 10월 25일

지은이   전지영
감 수   안수정, Deslatte Artime
일러스트   임시현

펴낸곳   도서출판 마음을담은
출판등록   제2024-000018호 (2024년 4월 20일)
전 화   070-8080-2772
이메일   maumuldamun.books@gmail.com
인스타그램   @maumuldamun

ISBN   979-11-989177-0-6 (13590)

추천의 말

한국 대부분의 부모들은 영어를 공부로 배웠기에, '엄마표 영어'의 세계에 발을 들여놓을 때에도 '무슨 책을 사줄까, 어떤 미디어를 보여줄까, 어떤 기관에 보낼까' 하는 생각에 갇힐 때가 많습니다. 하지만 저는 아이가 영어를 공부가 아닌 언어로 만났으면 했고, 그 답은 부모가 아이와의 편안한 일상 속에서 짧든 길든 영어로 소통해보는 것 뿐이라는 것을 깨달았습니다. 이 책에 나온 다양한 표현들은 아이에게 영어를 가르치는 도구가 될 수도 있지만, 부모도 아이도 영어라는 언어에 긍정적이고 편안한 정서를 형성하게 해줍니다. 아이가 영어를 편하게 접했으면 좋겠다면, 부모부터 영어와 친해져 보세요. 하루 한 문장씩 자신있는 '척'이라도 하면서 말하는 작은 습관을 꾸준히 지속한 부모는, 1년 뒤 자신도 전혀 예상치 못했던 지점에 서 있게 될 거예요. 너무 많은 것을 알고 실천해야 한다는 중압감보다는, 기대되고 호기심 어린 마음으로 부모표 영어를 시작하셨으면 합니다.

박정은 (육아 전문 채널 베싸TV 콘텐츠 크리에이터, 《베싸육아》 저자)

엄마표 영어 책 중 이처럼 사랑이 듬뿍 담긴 책이 또 있을까. 초등학교 교사의 전문성과 실제 아이를 키우는 엄마의 노하우가 모두 담겨있다. 이 책은 아이가 태어나고 성장하는 과정에 맞춰 아이와 일상에서 가장 많이 나누는 대화를 선별하여 간결한 문장으로 구성하였다. 이 책 한 권이면 영어를 모르는 엄마도 누구나 쉽게 영어로 아이에게 사랑의 마음을 전달할 수 있다. 육아를 하며 엄마표 영어를 시작하고 싶은 초보 엄마들에게 추천하는 책이다.

이종관 (고등학교 교사, 교사성장학교 대표)

D+365

Happy birthday and many more!

생일 축하해, 앞으로도 행복하길!

◎ 많은 문화권에서 생일은 추가로 한 살 나이를 먹는 날이지요. 그래서 생일 축하와 함께 앞으로 다가올 1년간의 행복을 기원하는 말을 함께 해 주기도 합니다. 추가 표현도 알아두세요.

    - *May all your wishes come true.* (모든 소원이 이루어지길.)

    - *Wishing you a year full of joy.* (기쁨 가득한 한 해 되길 바라.)

◎ **아이의 첫 돌을 축하합니다!**

전지영 지은이 | jyjeon2013@gmail.com | Instagram (@bom.mom.jj)

대전에서 고등학교 졸업 후 한국교원대학교 초등교육과에 입학했다. 대학 시절 우연한 기회로 런던에서 한달살기를 했던 것을 계기로, 중등 영어교육과 복수전공을 시작했다. 졸업과 함께 두 개의 학사 학위를 취득, 초등임용고시에 합격하여 서울에서 교직 경력을 시작했다.

초등학교 영어 전담 교사로 재직 중 더욱 깊이있는 영어 교육에 대한 갈증으로, 서울대학교 대학원 영어교육과에 진학하여 석사 학위를 받았으며, 한국 초중고등학생의 영어 어휘 사용과 관련된 연구로 SSCI급 해외 학술지에 논문을 게재했다. 이후 2022 개정교육과정 초등학교 영어 교과서 집필진으로 참여했고, 현재는 두 명의 아이를 키우며 가정에서 자연스러운 이중언어 노출 환경을 만드는 '엄마표 영어'를 실천 중이다. 최근에는 생성형AI를 활용한 영어 교육에도 관심을 갖고 연구 중이다.

임시현 일러스트 | syunillust@gmail.com

시각디자인을 전공하였으며, 졸업 작품으로 그림책을 제작한 이후부터 어린이와 청소년 도서에 관심을 갖기 시작했다. 동화책과 그림책 뿐만 아니라 교과서 삽화, 단행본 표지, 포스터 등 다양한 일러스트를 외주 제작하고 있으며, 각종 공모전에 꾸준히 입상하고 있다. 트렌드에 맞는 다양한 화풍을 시도하며 발전 중이다.

안수정 감수

호주 모나쉬대학교에서 국제정치학 학사, 스위스 제네바에서 국제인권법 석사 학위를 받았다. 이후 국제기구에서 근무하며 유럽 각지의 여러 국가들에서 오랜 기간 거주했다. 이를 통해 다양한 영미문화권의 자연스러운 현지식 영어 표현들에 익숙해졌을 뿐만 아니라, 한국에서의 학창시절의 경험으로 한국식 영어 학습법에도 익숙하여, 본업과 별개로 국내파 엄마들의 영어 공부를 돕고 있다.

Deslatte Artime 감수 | mdeslatte1330@gmail.com

미국 텍사스 출생. 워싱턴대학교에서 언어학과 교육학을 전공하였으며, 영유아 언어 습득 및 뇌 발달과 관련된 많은 연구를 수행했다. 졸업 후 시애틀에서 유치원 교사로 근무하며 수많은 다문화 가정 아이들의 이중 언어 습득을 보조했으며, 현재는 한국의 공립 초등학교에서 원어민 교사로 근무하며 학생들의 영어 학습을 돕고 있다.

D+364

Voila! It's a birthday gift from your uncle.

짜잔! 삼촌이 주는 생일 선물이야.

◎ **Voila!** (보왈라)는 원래 프랑스어로 '봐!' 라는 의미입니다. 하지만 영어에서도 자주 사용되는데, 무언가를 보여주거나 완성했을 때 '짜잔! (Ta-da!)'과 비슷한 의미로 사용됩니다.

◎ '선물'을 의미하는 단어로는 **present**와 **gift**가 대표적으로 사용됩니다. 둘 다 거의 동일하게 쓰이지만, **gift**가 좀 더 일상적이고 캐주얼한 느낌이 듭니다.

들어가는 말

우리는 어떻게 언어를 배울까요? 이 질문에 대해 생각해 보기 전에, 모국어와 외국어를 구분해서 생각해 보아야 합니다. 모국어는 지능이나 성향에 무관하게 거의 모든 사람들이 완벽하게 습득합니다. 반면 외국어는 사람마다 도달점이 매우 다르지요. '아이들은 모두 다 모국어를 쉽게 익히는데, 외국어는 왜 그리도 어려울까? 어떻게 하면 외국어도 쉽게 익힐 수 있을까?' 응용언어학계가 풀고자 하는 핵심 과제 중 하나입니다.

모국어 습득을 위한 필수 조건은 두 개, 언어를 익히고자 하는 강한 동기와 수많은 언어 입력입니다. 어린 아기가 모국어를 익히는 과정을 떠올려 볼까요? 아기는 스스로 할 수 있는 일도 거의 없습니다. 아이 입장에서는 생존을 위해, 세상을 알아가기 위해 부모와 필사적으로 소통할 도구가 필요합니다. 한 편, 부모는 아이가 알아듣든 알아듣지 못하든 계속해서 아이에게 말을 합니다. 천천히, 같은 말도 아주 여러 번 반복하며 풍부한 언어 입력을 제공해주지요. 강한 동기와 충분한 언어 입력으로, 아이로서는 언어 습득에 최적의 조건이 마련된 셈입니다.

외국어도 위와 같은 과정으로 배울 수 있습니다. 부모가 서로 다른 모국어를 사용하는 경우, 아이가 두 언어를 동시에 습득하는 사례들을 많이 접할 수 있습니다. 이렇게 외국어를 익히는 과정은 '학습'이 아니라 '습득'이라고 합니다. 책상에 앉아 교과목을 배우듯 공부하는 것이 아니라, 일상 속에서 자연스럽게 터득하는 것이지요.

이 책은 이러한 언어 습득 원리를 바탕으로, 아주 어린 아이들에게 영어로 말해주기를 원하는 부모를 돕기 위해 만들어졌습니다. 물론 이것이 외국어를 성공적으로 익히는 유일한 방법은 아니며, 부모의 영어 실력에 따라 어느 순

D+363

We don't play with food.

음식으로 장난치지 않아요.

◎ 우리말에도 '음식으로 장난치지 마' 라는 직접적인 표현보다는 '음식으로 장난치지 않아요'라고
다소 완곡하게 말하는 표현이 있지요. 본문의 **We don't play ...** 문형은 후자에 해당합니다.
만약 좀 더 단호하고 즉각적인 행동 중지를 요구할 땐, **Don't play with...** 라고 말하면 됩니다.
다음과 같은 말을 덧붙이는 것은 어떨까요?

- *Food is for eating, not for playing with.* (음식은 먹는 거지, 갖고 노는 게 아니야; D+338 참고)

간 한계가 느껴질 수도 있습니다. 하지만 이 책에 제시된 수준의 문장들만으로도 아이는 아주 기초적인 영어 이해는 가능하게 될 것입니다. 뿐만 아니라, 아이가 '한국어 이외의 또 다른 언어가 존재하며, 그 언어는 한국어와 음운, 의미, 통사적으로 다른 구조와 체계를 가지고 있다'는 것을 모호하게나마 인식하게 되는 것만으로도 큰 의미가 있다고 생각합니다. 아이의 이중 언어 습득에 열정이 있는 부모님들께서는 '영어 그림책'과 '영어 영상'을 추가로 활용하여, 아이의 동기와 언어 입력을 유지해 나가시길 추천합니다.

하지만 이 책을 '내 아이 영어 잘 하게 만들기' 위한 도구로써만 여기지 않으셨으면 합니다. 이 책은 여러분의 아이를 위한 책이기도 하지만, 동시에 부모님들을 위한 책이기도 합니다. 몰랐던 영어 표현들을 익히고, 알고는 있었지만 입에 잘 붙지 않았던 표현들을 연습하여 영어 실력이 향상되는 즐거움을 느끼실 수 있으면 좋겠습니다.

이 책이 나오기까지 옆에서 가장 많은 것을 희생하며 지지해 준 남편 이성수에게 가장 큰 고마움을 전합니다. 또한 이같은 방식의 '엄마표 영어'에 대해 확신을 갖게 해 준 소중한 딸 이봄, 그리고 아직 세상에 나오지 않은 뱃속의 아들 이산에게 무한한 사랑을 전합니다. 마지막으로 딸이 하는 일이면 무엇이든 믿어 주시고 전폭적인 지지와 지원을 보내주시는 어머니, 그리고 양가 가족분들께 진심 어린 감사와 사랑을 보냅니다.

2024년 9월

전지영

D+362

Time to check out!
Let's scan the items. Beep, beep!

계산할 시간이야! 바코드 찍자. 삑 삑!

◎ **check out**은 호텔 등에서 퇴실하며 비용을 지불할 때도 쓰이지만, 마트에서 고른 물건들을 계산할 때, 또는 도서관에서 책을 대출할 때도 쓰이는 단어입니다.

◎ 셀프 계산대에서 스캐너로 '바코드를 찍는' 동작은 영어로 **scan the items** (물건들을 찍다) 라고 합니다. '삑! 삑!' 하는 소리는 일반적으로 **beep**을 사용합니다. (D+96 참고)

이 책의 활용 방법

첫째, 천천히, 필요한 부분은 끊어서, 과장해서 말합니다.

아이들 뇌의 처리 속도는 어른보다 현저히 느리므로, 아이가 언어 정보를 받아들일 충분한 시간을 가질 수 있도록 아주 천천히, 필요한 부분에서는 끊어가며 말해주도록 합니다. 또한, 초기에는 아이가 단어와 단어의 경계를 명확하게 인지할 수 있도록 신경 쓰는 것이 좋습니다. 만약 아이가 모르는 어떤 단어 포함한 문장을 처음 말하는 상황이라면, 그 단어를 특히 과장해서 말해줍니다. 예컨대, *It's raining outside.*라는 문장을 말한다면 *It's*와 *outside*는 흘러가듯이, *raining*을 특히 과장해서 말하는 것이지요.

둘째, 실물이나 그림 등을 손가락으로 가리키며 말하며, 표정이나 몸짓을 적극적으로 활용합니다.

아이는 모르는 단어의 뜻을 유추하기 위해 주변의 시각적 단서를 활용합니다. 예를 들어, 엄마가 기저귀를 가져와 *We need to change your diaper.*라고 말하면서 기저귀를 교체한다면, 아이는 *diaper*가 기저귀라는 의미인 것을 유추하는 데 큰 도움이 될 것입니다. *happy, sad* 등 감정과 관련된 형용사는 엄마의 표정이, *wash, eat, change* 등 동사는 엄마의 몸짓이 아이에겐 매우 중요한 단서가 됩니다.

셋째, 특정 단어를 전후 맥락에서 여러 번 반복해서 말합니다.

아이가 단어의 뜻을 유추할 기회는 많으면 많을 수록 좋습니다. 특히 그 반복이 하나의 맥락에서 여러 번 이루어진다면, 아이로서는 더욱 확실한 힌트를 얻는 셈입니다. 예를 들어, *book*이라는 단어를 아이가 처음 접할 경우, *Look! It's a **book**. Do you want to read this **book**? Let's read the **book**. Will you hold this **book**?*과 같이, 하나의 상황 속에서 그 단어를 최대한 여러 번 반복하여 아이에게 익숙해지도록 합니다.

D+361

I'll peel the banana.

엄마가 바나나 껍질 벗겨줄게.

◎ **peel**은 명사로써 '껍질' 이라는 의미도 있고, 동사로써 '과일이나 야채 등의 껍질을 벗기다'는 뜻도 있습니다.
  - 명사: *This orange has a quite thick **peel**.* (이 오렌지 껍질은 꽤 두껍네.)
  - 동사: *Let's **peel** the potatoes.* (감자 껍질을 벗기자.)

◎ 피부 각질 제거 화장품 용어 중, '필링 젤 (*peeling gel*)', '화학적 필링 (*chemical peel*)' 등의 단어를 들어본 적이 있으실 거예요. 이처럼 peel은 피부의 각질을 벗기는 맥락에도 사용됩니다.

D+1

Welcome to our family, sweetie.

우리 가족이 된 걸 환영해, 아가야.

○ 영어로 문장을 말하다가 중간에 한국어 이름 넣기 어색하게 느껴지시지요? 영어에서는 아이의 이름보다는 애칭이나 별명을 많이 부른답니다.

○ '아가야'처럼 다정하게 부를 수 있는 말은 **sweetie** 외에도, **little one, sweetheart, honey, darling, angel** 등이 있습니다. 아들일 경우, **bud, buddy** 등도 많이 쓰입니다.

D+360

It's a winter wonderland!

겨울 동화나라네!

◎ **winter wonderland** 캐롤이나 계절성 팝송에도 많이 등장하는 문구로, 눈 덮인 아름다운 겨울 풍경을 비유적으로 말할 때 사용합니다. 마치 동화 속 세상처럼 환상적인 모습을 묘사하는 것이지요.

◎ 눈 오는 날 아이와 밖에 나와, 다음과 같은 말을 해 주는 것은 어떨까요?
- *Do you want to touch the snow? Isn't it cold?* (눈 만져볼래? 차갑지 않아?)
- *The snow has melted away.* (눈이 녹아 사라졌네.)

D+2

We've been waiting for you for so long.

우린 널 오래 기다려왔어.

○ **have been ing...** '이전부터 지금 이 순간까지 ~해왔다' 라는 의미입니다.
(ex. *I've been dreaming of this moment.* 난 이 순간을 꿈꿔왔어.)

○ **for so long**에서 so long 대신에 구체적인 기간을 넣을 수도 있어요.
(ex. *for a hundred days* 백일 동안, *for three hours* 세 시간 동안)

D+359

No, this is too sweet for you.

안 돼, 이건 너한테 너무 달아.

○ **too ... for you** '너에게 너무 ~해' 라는 의미입니다 (D+201 참고). 아이는 어른 음식에도 호기심을 보이기 시작하지만, 너무 달거나 자극적이기 때문에 먹을 수 없음을 설명해 줄 때 사용 할 수 있습니다. 다음의 어휘들도 넣어 연습해 보세요.
   - *spicy* (매운)   - *salty* (짠)   - *bitter* (쓴)   - *sour* (신)

D+3

I'm your mommy.
This is your daddy.

나는 네 엄마야. 여긴 네 아빠야.

- **This is...** 직역으로는 '이것은 ~이다' 라는 의미지만, 사람이나 사물을 소개할 때 많이 사용되는 말입니다.

- 영어로 **가족 구성원**을 칭하는 다양한 표현들을 소개해드립니다.
  엄마 (mama, mommy, mom) 아빠 (dada, daddy, dad)
  할머니(nana, granny, grandma) 할아버지 (gramps, grandpa)

D+358

I'll brush your teeth.
Up and down, back and forth.

엄마가 이 닦아 줄게. 위 아래로, 앞 뒤로.

◎ 아이의 이를 닦아주며 구체적인 동작을 묘사해 **Up and down** (위 아래로), **back and forth** (앞 뒤로)라고 말해주세요. 우리말은 앞-뒤의 순서지만, 영어에서는 뒤-앞(**back-forth**)의 순서가 일반적이라는 것도 기억해 두면 좋습니다.

◎ 치아와 관련된 몇가지 표현입니다.
  - 윗니 (*upper teeth*), 아랫니 (*lower teeth*), 앞니 (*front teeth*), 뒷니 (*back teeth*)

D+4

Do you see Mommy (hear Mommy)?

엄마 보이니? (엄마 말 들리니?)

'보다'라는 뜻의 영단어는 **see, look, watch**가 있지만, 일부러 자세히 보는 게 아니라 그냥 눈 앞에 무엇인가 자연스럽게 보이는 상황에서는 **see**를 사용합니다. 마찬가지로, '듣다라는 단어는 **listen, hear**가 있지만, 일부러 귀 기울이지 않아도 소리가 귀에 들어오는 상황은 **hear** 라고 합니다.

D+357

Let's bundle up tight!
It's gonna be super cold today.

꼭 껴입자! 오늘 엄청 추울 거야.

◎ **bundle**은 '묶음, 꾸러미'라는 뜻이 있고, 동사로는 '여러 물건을 묶어 꾸러미를 만들다'의 의미를 가집니다. 하지만 **bundle up**이 함께 쓰여서 구동사로 사용될 때는 '옷을 껴입다, 몸을 감싸다'라는 뜻이 됩니다. 거기에 **tight** (꽉)이 함께 쓰여 옷을 더욱 단단히 껴입자는 의미가 되지요.

◎ 형용사 앞에 super를 붙여 '매우, 엄청'처럼 그 의미를 강조합니다.
  (ex. *It's super fun!* 엄청 재밌다!)

D+5

Good morning!
Did you sleep well?

좋은 아침! 잘 잤어?

- '잘 잤냐'는 인사말은 **Did you sleep well?** 이외에 다음과 같이 쓸 수도 있어요.
  Did you sleep tight? Did you have a good sleep? How did you sleep?
  Rise and shine! (일어나서 반짝반짝 빛나자!) 이라는 표현도 하루를 시작하기에 좋지요.

- **Did you...?** '~했니?' 하고, 과거의 행동이나 경험에 대해 묻는 데 사용됩니다.
  (ex. *Did you poop?* 응가 했어?)

D+356

This is egg custard.
It's soft and yummy!

이건 계란찜이야. 부드럽고 맛있지!

◇ custard는 원래 계란과 우유로 만든 서양식 디저트를 가리키지만, 우리의 계란찜을 영어로
설명할 때 **egg custard**라는 표현을 사용하기도 합니다. 질감과 모양이 비슷하기 때문이지요.
그러나 엄밀하게 계란찜은 custard는 아니기 때문에, **fluffy steamed egg** (폭신한 찐 계란)
처럼 풀어서 설명할 수도 있고, 우리 고유의 음식 문화를 존중하는 차원에서 한국어 발음 그대로
Gyeran-jjim이라고 소개하는 것도 좋습니다.

D+6

We're so glad you've joined us.

네가 우리에게 와 줘서 너무 기뻐.

- 우리말로는 '네가 우리에게 와줘서 너무 고마워'와 같은 표현을 하기도 하지만, 영어에서는 그런 표현이 아이에게 사용하기엔 부자연스럽고 지나치게 정중한 느낌이 듭니다. **glad** (기쁜) 정도의 단어를 사용하면 적절합니다.

- **you've joined us** 현재완료 시제로, '네가 우리에게 왔고 현재도 함께 있다'는 의미입니다.

D+355

You're gonna have a baby brother.

너 남동생이 생길 거야.

◎ 영어에서는 남동생과 형/오빠를 통칭하여 **brother**라고 부르지만, 나이 차이를 구분할 필요가 있을 때에는 **younger brother, older brother**와 같이 말합니다. 하지만 아주 어린 동생의 경우, 애정을 담아 **baby brother** 또는 **little brother**라고 부르는 것도 매우 흔합니다.

◎ 아기가 태어날 것임을 의미하는 다른 표현으로는 **expect** (기대하다)를 사용할 수도 있습니다. (ex. *We're expecting a baby.* 우리는 아기를 기다리고 있어.)

D+7

You have the sweetest eyes.

너는 (세상에서) 가장 예쁜 눈을 가졌어.

◎ '네 눈이 세상에서 제일 예뻐' 또는 '우리 아기 눈이 어쩜 이렇게 예쁘니' 정도 느낌의 표현입니다.

◎ 형용사의 최상급은 일반적으로 **the -est** 이지만 (ex. *the sweetest*), 단어의 발음이 긴 경우에는 **the most 형용사** (ex. *the most beautiful, the most precious*)와 같이 쓰입니다. 하지만 원어민들조차도 둘을 혼용하는 경우도 있어요 (ex. *loveliest* vs. *the most lovely*).

D+354

You wore sunscreen today.
We need to clean it off properly.

너 오늘 썬크림 발랐잖아. 잘 씻어내야 해.

◎ 썬크림은 영어로 **sunscreen** 또는 **sunblock** 이라고 합니다. 썬크림을 바르는 동작 자체는 **put on** 또는 **apply**를 사용하고, 썬크림을 바른 상태는 **wear**를 사용합니다.
  - *You **put on** sunscreen this morning.* (너 오늘 아침에 썬크림 발랐잖아.)
  - *You've been **wearing** sunscreen all day long.* (너 오늘 하루종일 썬크림 바르고 있었잖아.)

◎ '잘 씻다'라는 의미로 **clean it properly** 이라고 표현할 수 있지만, **off**를 덧붙여 '잘 씻어내다'와 같은 느낌이 더 강조됩니다.

D+8

Are you feeling comfortable?

편안하니?

○ **Are you feeling ...?** '...하게 느끼고 있니?' 라는 질문이예요. feeling이라는 단어를 빼고 그냥
Are you comfortable? 이라고 해도 좋습니다. 아래 단어를 넣어서 더 연습해 보세요.
피곤한 (*tired*), 배고픈 (*hungry*), 목마른 (*thirsty*), 졸린 (*sleepy*)

D+353

Did you miss mommy?
I missed you, too!

엄마 보고 싶었어? 엄마도 보고 싶었어!

◯ **miss**는 '보고 싶어하다, 그리워하다'라는 의미로, 뒤에 바로 목적어가 옵니다. 본문에서는 잠시 떨어져 있다가 다시 만난 상황이므로 과거형 **missed**를 사용했지만, 만약 여전히 떨어져 있고 전화 통화 등을 하는 상황이라면 *I miss you* 와 같은 현재형이 적절합니다.

◯ **miss**는 '놓치다' 또는 미혼 여성을 호칭하는 말 등으로도 쓰입니다.

D+9

We love you more than anything in this world.

엄마 아빠는 너를 세상 그 무엇보다 사랑해.

○ **more than anything in this world** '세상 그 무엇보다'라는 의미로, 아이에 대한 무한한 사랑을 표현하는 강력한 표현이지요.

○ 더 단순하면서 일상적으로 자주 사용할 수 있는 애정 표현들을 추가로 제시해 드리겠습니다.
   - *You mean the world to us.* (너는 우리에게 세상 전부야.)
   - *We love you to the moon and back.* (우리는 달까지 갔다 올 만큼 너를 사랑해.)

D+352

Why are you curled up in the corner?

왜 구석에서 쭈그려 있는 거야?

◎ **curl up**은 '웅크리다'라는 의미입니다. 본문에서 **curled up**은 겉보기에는 be + 과거분사(-ed)의 형태를 띠고 있어 수동태로 착각하기 쉽지만, 여기서는 '웅크리고 있는'이라는 뜻의 형용사처럼 쓰인 것입니다.

◎ **corner**는 '구석'을 의미하는 단어로, 사각형에서 꼭지점 부분을 나타내지요. 반면 면과 면이 만나는 지점인 '모서리 (선)'는 **edge**라고 합니다.

D+10

Are you hungry?
Let's have some milk.

배고파? 우유(모유/분유) 먹자.

- 분유는 **formula milk** 또는 **formula**라고 하고, 모유는 **breast milk** 라고 합니다. 하지만 그냥 **milk**라고 하는 것이 더 일반적이예요.

- **Let's** (~하자) 뒤에 다음의 표현들도 넣어 연습해 보세요.
  기저귀 갈자 (*change your diaper*), 가서 아빠 보자 (*go see your daddy*)

D+351

This is a crayon.
Slide it across the paper like this.

이건 크레용이야. 이렇게 종이 위에서 움직여 봐.

◎ 아이에게 크레용을 보여주고, 손에 쥐어주고, 종이 위로 손을 잡아 끌어주며 말해주세요.
사물의 이름을 말해줄 때는 여러 번 반복해서 말해 주면 더 쉽게 각인됩니다.
(ex. *This is a crayon. Can you say crayon? It's a red crayon!*)

◎ **across** '~를 가로질러'라는 의미로, 여기에서는 빈 종이 위 한 쪽 끝에서 다른 쪽 끝으로 움직이는
동작을 설명합니다.

D+11

You fell asleep again.
When will you wake up?

또 잠들었구나. 언제 일어날 거야?

○ **fall asleep**은 '잠든 상태에 빠지다', 즉 '잠들다'입니다. 반면에 이미 자고 있는 모습을 묘사할 때에는 **sleep**을 동사로 씁니다. (ex. *You are sleeping peacefully.* 평화롭게 자고 있구나.)

○ **wake up / get up** '일어나다'라는 의미로 주로 사용되는 두 가지 표현이지만, **wake up**은 잠에서 깨어나는 것을, **get up**은 몸을 일으켜 세우는 것을 의미합니다. 눈은 떴지만 침대에서 뭉그적 거리는 아이에게는 *When will you get up?*이라고 할 수 있겠죠?

D+350

Left, right, left, right.
Nice and slow.

왼 발, 오른 발, 왼 발, 오른 발. 천천히.

◎ 아이가 걸음을 떼기 시작할 때, 우리는 '걸음마, 걸음마'와 같이 말하며 격려하지요. 영어의 비슷한
표현은 '왼 발, 오른 발'의 의미로 **left, right, left, fight**인데, 아이의 걸음에 맞추어 리듬감있게
말할 수 있습니다.

◎ 아이의 걸음과 관련된 표현으로는 **toddle** (아장아장 걷다)라는 단어가 있으며, 우리가 '유아'의
의미로 사용하는 '토들러 (**toddler**)'라는 단어가 여기에서 파생되었습니다.

D+12

Mommy's gonna help you burp. There you go!

엄마가 트림 시켜줄게. 잘했어!

○ **Mommy's gonna help you...** '엄마가 너 ~하는 거 도와줄게'라는 표현입니다. 다음을 넣어 연습해보세요.

- 옷 갈아입는 거 도와줄게 (*change your cloth*) - 일어나는 거 도와줄게 (*get up*)

○ **There you go!**는 상황에 따라 조금씩 다른 의미로 사용될 수 있지만, 일반적으로는 '잘했어!', '자, 됐다' 등의 의미로 사용됩니다. 그밖에 아이의 성과를 칭찬할 수 있는 표현으로는 **Good job!, Nicely done!** 등이 있습니다.

D+349

You're rubbing your eyes.
Are you sleepy?

눈 비비네. 졸려?

⚙ **rub**은 일반적으로 손으로 문지르거나 비비는 동작뿐만 아니라, 표면에 어떤 것이 닿아 자꾸 쓸릴 때에도 사용합니다. (ex. *My shoes are rubbing the back of my feet.* 신발 뒤가 자꾸 쓸려.)

⚙ 눈을 비비는 것 이외에 대표적인 아이의 졸림 신호를 영어 표현으로 알아볼까요?
- *yawning* (하품하기)   - *zoning out* (멍해지기)
- *fussing or becoming cranky* (보채거나 짜증내기)
- *becoming clingy* (/클링이/; 찰싹 달라붙기)

D+13

Mommy's so happy to have you.

엄만 네가 있어서 너무 행복해.

- **so happy to ...** 뒤에 동사가 와서 '~해서 너무 행복한'이라는 의미입니다. 이 때 동사는 엄마가 하는 동작임을 잊지 마세요. 다음 표현도 넣어서 연습해보세요.
  - 네가 웃는 것을 봐서 행복해 (*see you smile*)
  - 너랑 꼭 안고있어서 행복해 (*cuddle with you*)
  - 네 엄마가 되어서 행복해 (*be your mommy*)

D+348

Will you give me a big hug?

엄마 꼭 안아줄래?

◎ '안다/안아주다'와 같은 표현은 영어로 **hug**라는 동사를 직접 사용하거나, **give a hug** 처럼 쓸 수도 있습니다. 전자는 다소 직접적인 느낌, 후자는 좀 더 부드러운 느낌이 들지요.

◎ **kiss** (뽀뽀하다), **cuddle** (포옹하다), **pat** (토닥이다) 등도 위와 같은 형태로 사용됩니다.
- *Kiss me.* vs *Give me a kiss.*
- *Cuddle me.* vs. *Give me a cuddle.*
- *Pat me on the back.* vs. *Give me a pat on the back.*

D+14

I'll wrap you up warm and cozy.

엄마가 너를 따뜻하고 포근하게 감싸줄게.

- **wrap**은 감싸다/싸다 라는 의미로, 랩스커트나 주방용 랩을 떠올리시면 연상이 쉽지요. 어떤 동사 뒤에 **up**이 붙으면 동작이 좀 더 완전하게 이뤄진다는 느낌이 듭니다.
  (eat이 '먹다'인 반면, eat up은 '먹어버리다'는 느낌)

- **warm and cozy** 감싸줌으로써 너를 따뜻하고 포근한 '상태'로 만들어주겠다는 의미이기 때문에 부사 대신 형용사 형태가 왔습니다. 여기에서 **cozy** (포근한)는 **cosy**라고도 쓴답니다.

D+347

It's getting dark.
Let's turn on the soft light.

어두워지네. 은은한 불 켜자.

◎ **be getting ...** '점점 ~해지다'라는 의미입니다 (D+190, D+223). 날씨나 시간 흐름의 변화 이외에도, 인물의 감정이나 상태 변화에도 자주 사용됩니다. (ex. *I'm getting hungry.* 나 점점 배가 고파지고 있어.)

◎ 아이의 규칙적인 수면 습관 형성을 위해 저녁이 되면 조명을 은은하게 바꾸는 것이 권장되지요. 이 때 은은한 조명은 **soft light**라고 하며, 침실에 두는 수면등은 **night light**라고 합니다.

D+15

So cute,
look at you blinking!

너무 귀여워, 눈 깜빡거리는 것 봐!

◌ **look at you ...ing** 를 직역하면 '네가 ...하는 것을 봐라' 이지만, 상대의 모습이나 성과에 대한 감탄을 나타낼 때 사용할 수도 있습니다. 아이의 귀여운 모습을 보며 할 수 있는 말로 적절하지요.

◌ *blinking* 대신 다른 표현을 넣어 연습해 보세요.
(ex. *Look at you wiggling your fingers!* 손가락 꼬물대는 것 좀 봐!)

D+346

Is this your favorite book?

이게 네가 제일 좋아하는 책이야?

◎ '가장 좋아하는'이라는 의미의 **favorite**을 사용해서 본문과 같이 질문할 수도 있고, the most를
사용해서 Do you like this book the most? (이 책이 제일 좋아?)로 질문할 수도 있습니다. 다른
단어를 넣어 좀 더 연습해 보세요.

  - *Is this your favorite stuffie?* (이게 네가 제일 좋아하는 인형이야?)
  - *Do you like this stuffie the most?* (이 인형이 제일 좋아?)

D+16

We'll share a lot of happy moments together.

우린 많은 행복한 순간들을 함께 보낼 거야.

○ **share**는 원래 '나누다'라는 뜻이지만, 본문처럼 어떤 순간을 함께 보내는 것을 표현할 때 뿐만 아니라 감정이나 생각을 공유할 때도 사용됩니다.

- 나누다 : *Let's share this cake.* (이 케익 나눠먹자.)
- 감정 공유 : *Will you share your feelings with me?* (네 감정에 대해 말해줄래?)

D+345

We're home!
Let's take off your shoes.

집 도착! 신발 벗자.

◌ 집에 도착했다고 말할 때에는 **We're home!**이라고 합니다.

◌ **take off**는 '벗다'라는 의미입니다. 옷, 신발, 모자 등 목적어의 위치는 **take ... off** 또는 **take off ...** 둘 다 사용할 수 있습니다. **off**는 무언가 표면에서 떨어져있는 모습을 의미하므로, '네 신발을 (*your shoes*) 잡아서 (*take*) 떨어지게 하다 (*off*)' 라고 생각해 보세요.

D+17

Do you like your cradle?

네 침대 마음에 들어?

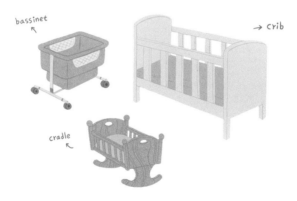

bassinet

→ crib

cradle

◇ 아기용 침대를 가리키는 영어 단어는 특징에 따라 몇 가지로 세분화되어 있습니다.

- **bassinet**: 프레임이 주로 천으로 둘러 있고 바퀴가 달려 이리저리 이동하기 쉬우며, 신생아 시절 주로 부부 침대 옆에 붙여 사용합니다.
- **cradle**: 주로 6개월 미만의 영아에게 사용되며, 원목으로 만들어진 경우가 많습니다. 외국 제품은 흔들 기능이 있는 경우도 많습니다.
- **crib**: cradle과 같이 원목으로 된 프레임이 대부분이며, cradle보다는 커서 조금 더 높은 월령의 아이들이 사용합니다.

D+344

Can you say mama?

엄마(mama)라고 해 볼래?

◇ **Can you say ...** '~라고 말해 볼 수 있니?'의 의미로, 아이가 커가며 여러 가지 단어를 따라 말해 보도록 격려하는 상황이 자주 생기는데, 그 때 사용할 수 있는 표현입니다. 또는 **repeat** (반복 하다)이라는 동사를 사용해서 *Can you repeat after me? Mama!* (엄마 말 따라해볼래? 엄마!) 와 같이 말할 수도 있습니다.

D+18

It's time to stretch a little bit!

스트레칭 할 시간!

◎ 누워 있는 아이의 다리를 눌러주며 마사지하는 **'쭉쭉이'** 동작을 영어로 표현할 때는 **stretch**를 사용합니다.

◎ **It's time to ... '**~할 시간이다'라는 의미로, 뒤에는 동사가 옵니다. stretch를 명사로 써서 *It's time to **do some stretches**!*와 같이 말할 수도 있어요. 추가 문장들을 만들어 보세요.
  - 분유 먹을 시간! (*have some milk*)   - 기저귀 갈 시간! (*change your diaper*)

D+343

Sniff, sniff. It smells sweet!

킁킁. 달콤하지!

◌ **sniff**는 코를 킁킁거리며 냄새를 맡는 동작을 나타내는 동사이자, 공기를 들이마시는 소리를 흉내낸 의성어입니다. 콧물이 날 때 훌쩍거리는 **sniffle**과 비슷하지만, **sniff**는 의도적으로 냄새를 맡을 때 사용하므로 비교해서 알아두세요.

◌ **It smells ...** '~한 냄새가 나다'라는 뜻으로, 뒤에 다양한 형용사를 붙여 향기를 묘사할 수 있습니다. 다음 단어들을 넣어 일상에서 활용해 보세요.
 - *nice* (좋은)   - *fresh* (상쾌한)   - *fruity* (과일 향이 나는)   - *yummy* (맛있는 냄새가 나는)

D+19

What are you looking at?

뭐 보고 있어?

- **What are you ~ing** '무엇을 ~하고 있니?'하는 질문이지요. **You are looking at ...** 형태의 평서문에서, 궁금해하는 대상인 what 부분이 맨 앞으로 왔다고 생각하면 됩니다.
  (*You are looking at WHAT. ⇒ WHAT are you looking at?*)

- **look at ...** '어떤 대상을 보다'라고 할 때는 look뒤에 at이 함께 옵니다. 하지만 특정 대상을 쳐다 보는 경우가 아니라면 at 없이 쓰일 수도 있어요. (ex. *Look here.* 이쪽을 봐)

D+342

Let's eat a little of this and a little of that.

이것도 조금, 저것도 조금 먹자.

◎ '골고루 먹어라' 하는 말은 *Try a little bit of everything* (모든 음식을 조금씩 먹어보렴)과 같이 표현할 수 있습니다. 하지만 아이가 어리므로, **a little of this and a little of that** (이것 조금, 저것 조금) 과 같이 손가락으로 이것저것 하나씩 짚어가며 설명하는 것도 좋겠지요.

◎ 또는 더 구체적으로 음식 이름을 넣어서 *a little of this egg and a little of this carrot* (이 계란 조금, 이 당근 조금) 처럼 연습해 보세요.

D+20

I'm getting it ready.
Give me a second.

준비 중이야. 잠깐만 기다려.

- ◌ **get it ...**는 '그것을 ~하게 하다'라는 의미가 됩니다.
  - *get it done* 그것을 완성되게 하다 (완성하다)
  - *get it fixed* 그것을 고쳐지게 하다 (고치다)

- ◌ **Give me a second** 직역하면 '나에게 1초를 달라' 이지만, '잠깐만'의 의미로 자주 사용됩니다.
  second(초) 대신 minute(분)을 넣어 말할 수도 있습니다. 긴박한 상황에서는 *I'm coming!*
  (가고 있어! 또는 금방 가!) 등의 표현도 함께 알아두면 유용하겠지요?

D+341

Should we go to an indoor playground?

키즈카페 갈까?

◈ 한국의 '키즈카페 (Kids cafe)'는 일반적으로 영유아/어린이를 위한 실내 놀이 시설과 부모의 휴식을 위한 카페 공간이 함께 있지요. 영미권의 비슷한 시설은 보통 카페 공간이 없기 때문에, **indoor playground, play center** 등의 단어가 주로 쓰입니다. 영국에서는 부드러운 재질의 놀이 기구와 안전한 놀이 환경을 강조하는 의미로 **soft play area**라는 표현을 사용합니다.

D+21

Here's your binky. Don't cry.

네 쪽쪽이 여기 있어. 울지 마.

◦ **Here's your ...** 무엇인가를 건네 주면서 하는 표현입니다.

◦ 우리말에 '공갈 젖꼭지'라는 단어가 있지만 일상적으로 '쪽쪽이'라는 단어가 더 많이 쓰이지요? 영어에서도 비슷합니다. **pacifier** (평화를 만드는 것, 진정시키는 것) 라는 단어가 있지만, 북미에서는 일상적으로는 **binky**를, 호주나 영국에서는 **dummy**를 더 많이 사용합니다.

D+340

Look up at the sky.
I'll rinse your hair.

하늘 보기! 머리 헹굴게.

◎ 아이의 머리를 감길 때, 눈에 거품이 들어가지 않도록 '하늘을 보라 (**look up at the sky**)'고 비유적으로 표현할 수 있고, 또는 '고개를 뒤로 젖히라 (**tilt your head back**)'고 직접적으로 말할 수도 있습니다.

◎ 아이가 좀 더 큰다면, *Your eyes will sting if soap gets in.* (거품이 눈에 들어가면 따가울 거야.) 라고 덧붙여주는 것은 어떨까요?

D+22

How adorable!

아유 사랑스러워라!

◦ **How ... !** '얼마나 ...인지!' 하고 감탄하는 문장입니다. **How adorable you are!**가 원래의 온전한 문장이지만, 일상에서는 you are를 생략하는 것이 더 자연스럽습니다. 다음의 형용사도 넣어 연습해 보세요.

  - 예쁜 (*gorgeous*) - 사랑스러운 (*lovely*) - 소중한 (*precious*)

◦ 만약 *How adorable are you?* 라고 주어 동사의 순서가 바뀐다면, "너 얼마나 귀여워?"라고 묻는 의문문이 된다는 것도 함께 알아두세요.

D+339

Oh, your nose is running.
Let me wipe it.

아이구, 콧물 나네. 엄마가 닦아 줄게.

◎ 콧물이 난다는 것은 *Your nose is running* 외에도 *You have a runny nose* 와 같이 표현합니다.
  콧물, 코막힘과 관련된 몇 가지 표현을 더 소개해 드리겠습니다.
   - **sniffle** (콧물을 훌쩍이다, 훌쩍임): *You're sniffling. / You've got the sniffles.*
   - **stuffed** (꽉 막힌): *Your nose is stuffed up. / You have a stuffy nose.*
   - **blocked** (꽉 막힌): *Your nose is blocked.*
   - **nose sucker** (콧물 흡입기): *Let's use the nose sucker.*

D+23

Let me help you with your clothes.

엄마가 옷 (벗는거) 도와 줄게.

○ **Let me...** '내가 ~ 할게' 라는 의미로, 무엇인가를 자기가 하겠다고 나서거나 도움을 제안할 때 쓰이는 표현입니다.

○ '옷 벗겨줄게'는 **take your clothes off** 라고 할 수도 있지만, 이렇게 직접적인 표현보다는 '엄마가 네 옷 (관련해서) 도와줄게'로 우회해서 쓰는 것이 더 부드러운 느낌을 줍니다.

D+338

Uh-oh. That's not for eating. Take it out.

어어, 그거 먹는 거 아니야. 입에서 빼.

◎ **That's not for ...** '그것은 ~하기 위한 것이 아니야'라는 의미입니다. 반대로 **That's for ...**는 '그것은 ~하기 위한 거야'라는 뜻으로, 물건의 용도를 알려줄 때 사용합니다.
  - *That's not for playing.* (그건 갖고 노는 물건이 아니야.)
  - *That's for washing your hands.* (그건 손 씻는 데 쓰는 거야.)

◎ 입에서 빼라는 말은 **take it out**으로 표현합니다. 만약 입에서 '뱉어 내'라는 의미를 표현하고 싶다면 **spit it out**이라고 하면 됩니다.

D+24

Is the water warm enough?

물 충분히 따뜻해?

○ 아이 목욕시킬 때 온도를 확인하며 할 수 있는 말입니다. *Is the water warm?* (물 따뜻해?) 뒤에 **enough**를 함께 써서, '물이 (목욕하기에) 충분히 따뜻하냐'는 질문이 되었지요.

○ 대상의 동작(동사)에 대해 물을 때에는 **Does it ...?** 으로 질문하지만, 대상의 속성(형용사)에 대해 물을 때에는 **Is it ...?** 으로 질문합니다.
  - *Does the dog run fast?* (그 강아지 빨리 달려?)
  - *Is the dog fat?* (그 강아지 뚱뚱해?)

D+337

The sea is like a big pool.
Wanna dip your toes in?

바다는 큰 수영장 같은 거지. 발 담가 볼래?

◎ **be like a ...** '마치 ~ 같은 거야'라는 의미로, 아이에게 어떤 대상을 설명할 때 더 쉬운 다른 대상에 빗대어 설명하는 표현입니다. 어떤 비유가 가능할지 상상해 보세요.
  - *The moon is like a big nightlight in the sky.* (달은 하늘에 있는 큰 야간등 같은 거야.)
  - *Broccoli is like little trees you can eat.* (브로콜리는 먹을 수 있는 작은 나무 같은 거야.)

◎ **dip**은 '살짝 담그다'라는 뜻으로, 여기서는 바다에 발을 살짝 담가보는 것을 제안하고 있습니다. (디핑소스를 떠올려 보세요!)

D+25

Look at the stuffies haning from the mobile.

모빌에 달려있는 인형들 봐 봐.

- '인형' 하면 떠올리는 **doll**이라는 단어는 사람의 형태로 된 것을 의미합니다. 본문에서 이야기하는 동물 인형은 **stuffed animal** (속이 찬 동물) 또는 **stuffie**라고 하며, 맥락상 그냥 **animal** 이라고 해도 괜찮습니다.

- **hang**은 매달다, 매달리다의 의미가 있으며, **mobile**은 지역에 따라 '모빌' 또는 '모바일'로 발음합니다.

D+336

Let me blow on your boo-boo.

엄마가 상처에 호 해줄게.

◎ **boo-boo**는 아이들과 사용하는 친근한 용어로, 작은 상처나 타박상을 의미합니다.

◎ 우리가 아이의 상처에 '호~'하고 불어주는 것을 영어로 표현하자면 **blow**를 사용할 수 있습니다. 하지만 '호 불기'는 우리의 문화이고, 영어권에서는 비슷한 의미로 아이의 상처 부분에 가벼운 뽀뽀를 해 주며, 이 때 동사로는 **kiss**를 사용합니다.
(ex. *Let me kiss it better.* 뽀뽀해서 나아지게 해 줄게)

D+26

We need to change your diaper.

기저귀 갈아야겠다.

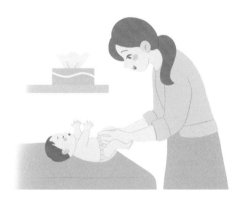

○ **We need to** '우리 ~ 해야겠다'라는 의미로, 아이를 돌볼 때 굉장히 자주 쓰일 필수 패턴이예요. 다음을 넣어 연습해 보세요.

  - 옷 입어야겠다 (*get dressed*) - 목욕해야겠다 (*take a bath*) - 지금 가야겠다 (*go now*)

○ 기저귀를 갈자는 의미의 다른 표현은 다음과 같이 쓸 수도 있어요.

  - *It's diaper time!* (기저귀 갈 시간이야!)

  - *Your diaper needs changing.* (네 기저귀 갈아야겠다.)

D+335

Oh, have you finished the bottle already?

와, 벌써 다 먹었어?

◌ **have you ...ed already?** '너 벌써 ~했니?'라는 의미로, 예상보다 빨리 어떤 일이 완료되었을 때 사용하는 표현입니다. **already** (벌써)가 현재완료시제의 동사(have + ...ed) 뒤에 함께 사용되어, 놀람을 나타내는 표현이 됩니다.

- *Have you eaten your snack already?* (간식 벌써 다 먹었니?)
- *Have you put on your shoes already?* (신발 벌써 다 신었니?)

D+27

Let me cuddle you.

엄마가 안아줄게.

○ 안아주다 하면 혹시 **'hug'**만 떠오르시진 않나요? hug는 두 팔 벌려 누군가를 한 번 꼭 안는 느낌이고, **cuddle**은 좀 더 오랫동안 편안하게 안고 있는 느낌입니다. hug에 비해 더 많은 애정과 사랑을 담은 느낌이지요.

○ 반면 누워있거나 앉아있는 아이를 안아 올리는 것은 **pick up**이라는 동사로 표현할 수 있습니다.

D+334

I know it hurts when you eat.
Let's try some cool, soft foods.

알아, 먹을 때 아프지. 시원하고 부드러운 음식 좀 먹어보자.

◎ 아이가 수족구병에 걸리면 입 안에도 수포가 생겨 음식을 잘 먹지 못하게 되지요. 수족구병은
Hand, foot, and mouth disease (HFMD) 또는 **Hand, foot, and mouth** 라고 합니다.
(ex. *I think you might have hand, foot, and mouth.* 너 수족구 걸린 것 같아.)

◎ 이 때 생기는 구내염은 **mouth ulcer** (/얼써/) 라고 하며, 손, 발, 입에 생기는 수포는 **blister**라고
합니다.

D+28

It's okay. Mommy's here.

괜찮아. 엄마 여기 있어.

○ 아기가 불안해서 울고 있을 때, 달래주며 해줄 수 있는 말이에요. 추가로 덧붙일 수 있는 문장들을 더 소개하겠습니다.
  - *Don't cry.* (울지 마).
  - *There's nothing to fear.* (무서워할 것 없어.)
  - *You're not alone.* (넌 혼자가 아니야.)

D+333

Those giggles make me so happy.

그 낄낄 웃음소리가 엄말 정말 행복하게 하네.

◎ 우리말에는 '깔깔', '하하', '킥킥'처럼 '웃다'라는 말과 함께 쓰이는 보조적인 역할의 다양한 의성어가 있지만, 영어는 다양한 웃음소리마다 사용되는 동사 자체가 다릅니다.
- **laugh**: 가장 일반적인 의미의 웃다. 모든 종류의 웃음소리에 사용 가능
- **giggle**: 낄낄, 킥킥거리며 웃다. 주로 아이들의 웃음소리를 묘사
- **chuckle**: '쿡쿡' 하고 소리 내어 가볍게 웃다, 주로 성인에게 사용

D+29

Why are you crying?
Is your tummy upset?

왜 우는 거야? 속이 불편해?

○ 영어에서 '배'를 의미하는 몇몇 단어를 비교해 볼까요?

- **stomach**는 정확히는 '위장'을 지칭하지만 일상적으로는 배 전체를 의미합니다.
- **tummy**는 stomach을 더 쉽게 발음할 수 있도록 변형된 말입니다.
- **belly**는 내장이 아닌 배의 외부를 지칭합니다. 따라서 '속이 불편한' 상황에는 부적절합니다.

○ **upset**은 up-set, 즉 무언가를 뒤집어 놓는 상황에서 비유적인 의미로 확대되었다고 생각할 수 있습니다.

D+332

No need to fuss.
How about a big hug?

짜증낼 필요 없어. 우리 꼭 안을까?

◎ **No need to ...** '~할 필요 없어' 의 의미입니다. 이 표현은 '짜증내지 마' 라고 직접적으로 말하는 것보다 더 부드럽고 완곡한 방식으로, 다음과 같은 문장처럼 많이 쓰입니다.
  - *No need to cry.* (울 필요 없어.)
  - *No need to worry.* (걱정할 필요 없어.)

D+30

Listen to the crinkle this toy makes!

이 장난감 바스락대는 소리 좀 들어봐!

◦ 촉감 장난감을 손으로 만졌을 때 바스락대는 소리를 **crinkle**이라는 단어로 표현합니다. 참고로 crinkle은 잔주름이 지다라는 뜻이 있어요. **wrinkle** 생각하시면 연관이 쉬워집니다.

◦ 본문은 the crinkle에서 끝나지 않고, 부연 설명을 위해 **this toy makes** (이 장난감이 만드는) 이라는 말이 뒤에 이어졌습니다. 같은 문형 예문을 보고 연습해 볼까요?
  - *Do you want some cake mommy made?* (엄마가 만든 케익 좀 먹을래?)

D+331

Which one do you like the most?

어떤 게 제일 마음에 들어?

○ **Which one do you ...** 여러 개의 선택권을 주면서 어느 것을 가장 ~하는지 묻는 질문입니다. 유용하게 함께 쓰일 수 있는 동사로, **like** (어느 것을 좋아하는지), **want** (어느 것을 원하는지), **need** (어느 것이 필요한지) 등을 넣어서 활용해보세요. 이와 같은 문형에서는 **the most**가 동사 뒤에 와서, 여러 개의 선택지 중 '가장, 제일'에 해당하는 것이 무엇인지 묻게 됩니다.

D+31

Are you trying to hold your head up?

고개 들고 있으려고 시도하는 거야?

- **Are you trying to ...** '~하려고 시도하는거야?' 라는 의미입니다. 아이가 커가며 새로운 일들을 시도할 때마다 사용해볼 수 있겠지요? 다음 단어를 넣어서 연습해 보세요.
  - 뒤집다 (*roll over*) - 일어서다 (*stand up*)

- **hold ... up**은 무엇을 든(up) 상태로 유지하는(hold) 느낌입니다. 우리 말로 '목을 가누다' 라는 말을 영어로 표현할 때 사용할 수 있지요. 반면에 숙이고 있던 고개를 드는 행동은 **lift**를 써서, **lift your head up**과 같이 표현할 수 있습니다.

D+330

You are so good at this.
Keep coming up!

이거 엄청 잘 하는구나. 계속 올라 와!

◎ **be good at ...** '~를 잘 하다'는 의미로, 뒤에는 명사 또는 동명사 (...ing)가 옵니다.

◎ **good**이라는 단어를 사람에게 사용하면 맥락에 따라 다양한 의미를 갖게 됩니다. *He's good.*
이라는 문장이 얼마나 다양한 해석이 가능한지 볼까요?

- 능력: 그는 (무엇인가를) 잘 해요.　　　　- 현재 기분: 그는 기분이 좋아요.

- 건강 상태: 그는 괜찮아요.　　　　　　　- 도덕적 평가: 그는 괜찮은 사람이예요.

D+32

Mommy's gone. Peekaboo!

엄마 없다. 까꿍!

◎ 's gone은 **has gone** (떠나버렸다)의 축약형일 수도 있고, **is gone** (사라졌다)의 축약형일 수도 있습니다. 둘 다 똑같이 go라는 동사가 쓰였지만, 전자는 **갔다는 행위**가 강조되는 반면 후자는 가서 **없어진 상태**가 강조되기 때문에 의미가 다르지요.

◎ 유명 팝송 제목 *She's gone (=She has gone)*은 '그녀가 가버렸다'이고, 이 본문은 *Mommy's gone (=Mommy is gone)*으로 '엄마가 사라졌다'로 이해할 수 있습니다.

D+329

What a smart girl!
I'm so proud of you.

완전 똑순이네! 너무 자랑스러워.

◎ **What a ...** 어떤 대상에 대해 감탄할 때 쓸 수 있는 표현입니다. (D+67 참고)
아이의 놀라운 행동을 발견했을 때, *You're so smart!* 라는 기본 문형 외에도, *What a smart girl!* 또는 *How smart!* 와 같은 다양한 문형을 사용해 보세요.

◎ **I'm so proud of you** '네가 정말 자랑스러워'로, 아이에게 자긍심을 심어줄 수 있는 표현입니다.
자주 사용하도록 노력해 보세요.

D+33

Let's try some tummy time today!

터미타임 해보자!

○ **Let's try ...** 뒤에 명사 또는 동명사 (동사+ing)가 와서 무엇인가를 한 번 시도해 보자는 의미가 됩니다.
  - *Let's try this food.* (이 음식 한 번 먹어보자.)
  - *Let's try kicking your legs.* (발차기 한 번 해보자.)

○ **Tummy time**은 아기를 엎드려서 놀게 하는 시간인데, 대근육 발달에 중요하다고 여겨지므로 매일 꾸준히 시켜주시면 좋습니다.

D+328

Would you like to go outside?

밖에 나가고 싶어?

◈ **would**는 will의 과거형입니다. 실제로 사용되는 문장은 아니지만 *Will you like to go outside?* (너 밖에 나가는 거 좋아할 거니?)를 과거형으로 바꾼 것으로 볼 수 있지요. 그럼 '혹시 ...?' 하고 좀 더 부드럽게 묻는 표현이 됩니다.

◈ 마찬가지로, *Can you open the door?* (문 좀 열 수 있니?) 를 과거형으로 바꾸면, *Could you open the door?* (혹시 문 좀 열어줄 수 있니?)로, 좀 더 조심스럽고 친절하게 묻는 표현이 됩니다.

D+34

Look what Mommy's got for you!

엄마가 널 위해 뭐 가져왔나 봐!

◎ **what+주어+동사** '누가 무엇무엇한 것'이라는 의미로, 본문의 **what Mommy's got**은 '엄마가 가져온 것' 이라는 뜻입니다. 비슷한 예문을 더 연습해 볼까요?
  - *Look what you've done!* (네가 한 일을 봐!)
  - *Look what Mommy's made!* (엄마가 만든 것좀 봐!)

◎ 본문에서 동사는 단순 과거(got)가 올 수도 있지만, 가지고 온 물건을 지금 들고 있는 상황이므로 현재완료 (has got = 's got)를 사용하는 것이 좀 더 자연스럽습니다.

D+327

This is how you scoop with a spoon.

숟가락으로 이렇게 뜨는 거야.

◎ **This is how you ...** '이렇게 ~ 하는 거야'의 의미로, 아이에게 물건의 사용법을 시범 보이면서 사용할 수 있는 표현입니다.

◎ 숟가락으로 밥을 뜨는 것은 **scoop**이라는 동사로 표현합니다. 아이스크림 한 스쿱, 두 스쿱.. 익숙하시지요? 참고로 scoop과 spoon 모두 oo가 들어가는데, 이 소리는 한국어의 '우'에 비해 충분히 길게 '우-'하고 소리내어야 원어민에 가깝게 느껴집니다.

D+35

Shall we put on some lotion?

로션 좀 바를까?

◇ **Shall we ...** 가볍게 제안하는 표현으로, 주로 영국에서 많이 쓰입니다. 같은 의미의 표현으로 북미권에서는 **should we ...** 를 더 많이 사용합니다.

◇ **put on some lotion ...** 무언가를 몸 위에 바르거나 걸치는 것은 대부분 put on으로 사용 가능 합니다. (Tip! 말하는 중 특정 동사가 떠오르지 않을 때에는, **have, put, take, give**처럼 쉬운 동사들로 표현할 수 없는지 한 번 생각해 보세요.)

D+326

Stay still. Let's tie your hair.

가만히 있어 봐. 머리 좀 묶자.

- ⚙ **still**은 '가만히 있는' 이라는 형용사입니다. '가만히 있어'라고 할 때 **stay**나 **hold**와 등의 동사와 함께 사용되며, '가만히 서 있어/앉아 있어'의 의미로 stand 또는 sit 등과도 함께 사용됩니다. 혹시 '스틸컷' 또는 '스틸이미지' 이라는 단어를 들어본 적이 있나요? 영어로는 still 또는 still image 라고 하는데, 동영상과 대조하여 움직이지 않는 고정된 사진을 의미합니다.

- ⚙ **tie**는 '묶다'라는 의미로, 머리 뿐만 아니라 다양한 묶는 상황에서 사용됩니다.

D+36

The sun is very bright.
Is it bothering you?

햇살이 정말 밝다. 눈부시니?

◎ 영어에는 우리말의 '눈부시다'에 정확하게 대응되는 단어가 없고, 다음과 같이 풀어서 표현합니다.

- *The light is too bright.* (빛이 지나치게 밝아.)
- *The light is bothering me.* (빛이 나를 불편하게 해.)

◎ **Is it ...ing you?** '그것이 너를 ~하게 하니?'라는 의미입니다.

- *Is it annoying you?* (이게 널 거슬리게 하니?)

D+325

Oops, you fell down.
It happens. Upsy-daisy!

아이쿠, 넘어졌네. 그럴 수 있어. 으랏차!

◎ **fall down**은 넘어지다는 의미입니다. 다른 표현으로 **fall over**도 가능한데, 이는 균형을 잃고 옆으로 넘어지는 듯한 느낌을 좀 더 주지요.

◎ **It happens** 직역하면 '그 일은 일어난다' 이지만, '종종 있는 일이야', '그럴 수도 있어' 하는 의미로 많이 쓰입니다.

◎ **Upsy-daisy** 넘어진 아이를 일으켜주면서 할 수 있는 말로, up+daisy의 조합입니다. up은 위로 일으키는 상황과 연결되지만, daisy는 꽃 이름으로 그저 운율을 위해 사용되었을 가능성이 높습니다.

D+37

You've got hiccups!

딸꾹질하네!

◎ 딸꾹질을 '하다'라는 우리 말과 달리, 영어에서는 **have hiccups, get hiccups**와 같이 딸꾹질을 '가지다'라고 주로 표현한답니다. hiccup 자체가 '딸꾹질하다' 라는 동사로 쓰일 수도 있어요.
(ex. *I keep hiccuping.* 나 계속 딸꾹질 나.)

◎ 아까부터 지금까지 쭉 딸꾹질을 하고 있는 상황이기 때문에, 현재완료로 have got을 사용 했습니다. 무언가를 갖고 있다를 표현 할 때, 생각보다 **have got**을 많이 사용해요.
(ex. *You've got so many toys!* 너 장난감 엄청 많구나!)

D+324

I'll take the stickers off.

엄마가 스티커 떼어 줄게.

◎ 스티커를 붙이는 동작은 **put** 또는 **stick**, 스티커를 떼어내는 동작은 **take off** 또는 **peel off**라는 동사를 사용합니다. (ex. *Let's put this sticker on the window.* 창문에 이 스티커 붙이자.)

◎ 다음은 스티커와 관련된 추가 표현들입니다.
- *The sticker is stuck.* (스티커가 붙어버렸어.)
- *The sticker is upside down.* (스티커가 위 아래가 뒤집혔네.)
- *This sticker is reusable.* (이 스티커는 재사용이 돼.)

D+38

You need to put on your socks.

너 양말 신어야겠다.

○ **need to ...** '~해야 한다'는 의미입니다. 비슷한 의미를 지닌 다른 표현들도 살펴볼까요?
- **gotta**: 구어체. 다소 긴급한 필요 (*You gotta go now.* 너 지금 가야 해.)
- **should**: 조언 (*You should eat healthier.* 더 건강하게 먹어야 해.)
- **have to**: 강한 의무나 필수적인 요구 (*You have to wear a seatbelt.* 안전벨트 매야 해.)
- **must**: 법 정도로 매우 강한 의무 (*You must stop at the red light.* 빨간불에선 멈춰야 해.)

D+323

Do you want to go down the slide?

미끄럼틀 타고 싶어?

◎ 미끄럼틀은 **slide**, '미끄럼틀을 타다'는 **go down the slide** 또는 **slide down the slide**로 표현합니다. 하지만 이미 맥락상 아이가 타려는 것이 미끄럼틀임이 명확할 때에는, 목적어를 생략해서 *Do you want to slide again?* 이나 *Do you want to go down?* 처럼 말할 수 있습니다.

◎ 좀 더 큰 아이가 미끄럼틀을 거꾸로 올라가려 한다면, 다음과 같이 말해줄 수도 있겠지요.
   - *No climbing up the slide. Use the stairs instead.*
      (미끄럼틀 위로 올라가면 안 돼요. 계단으로 가야지.)

D+39

What do you need from Mommy?

엄마가 뭐 해줄까?

○ **What do you need** (무엇이 필요하니?) + **from Mommy** (엄마로부터)가 합쳐진 문장으로, 엄마가 어떤 도움을 줄 수 있는지 묻는 질문입니다. 같은 의미의 다른 표현을 더 연습해 보세요.
　- *What can Mommy do?* (엄마가 뭐 해 줄 수 있을까?)
　- *Is there anything Mommy can do?* (엄마가 해줄 수 있는 게 있니?)

D+322

Let me blow some bubbles.

엄마가 비눗방울 좀 불어줄게.

◎ 비눗방울을 '불다'는 우리말에서처럼 **blow**를 써서 표현합니다. bubble은 거품이라는 뜻이므로 비눗방울은 엄밀하게 **soap bubble**이지만, 그냥 bubble이라고 부르기도 합니다.

◎ 비눗방울과 관련해서 쓸 수 있는 동사는 **float** (떠다니다), **pop** (터지다) 등이 있습니다.

　ex) *Look! The bubbles are floating! Oh, some of them just popped.*

　　(봐! 비눗방울들 떠다닌다. 앗, 몇 개 방금 터졌네.)

D+40

Your brow area is turning red!
You must be sleepy.

눈썹 부근이 빨개지고 있네! 졸린가 보구나.

◎ 어린 아이들의 잠 신호 중 하나가 바로 눈썹 부근이 붉어지는 것이지요. 눈썹은 **eyebrow** 또는 **brow**라고 하지만, 엄밀하게는 눈썹 '주변'의 색이 변하는 것이므로 **brow area**라고 씁니다. **is turning...** 은 '~하게 바뀌고 있다'의 의미입니다.

◎ **must be ...** must는 '~해야 한다'는 의무를 표현하기도 하지만, 확신이 있는 추측을 표현할 때 사용하기도 합니다. 다음 문장도 함께 만들어 보세요.
  - 피곤한가 보구나. (*tired*)   - 심심한가 보구나. (*bored*)   - 배고픈가 보구나. (*hungry*)

D+321

Oh, you know what that is?
It's an earthworm.

어머, 저게 뭔지 알아? 지렁이야.

◎ *Do you know what that is?* 에서 일상적으로 맨 앞의 do를 생략한 표현입니다.
what that is 대신에 *who he is* (저사람이 누군지), *where we are* (우리가 어디에 있는지),
how it works (그게 어떻게 작동하는지) 등을 대체해서 연습해 보세요.

◎ **worm**은 다양한 종류의 작고 긴 무척추동물을 전체적으로 지칭하는 말이고, 그 중 지렁이는
earthworm이라고 합니다. **earth**에 '땅'이라는 의미가 있으므로, 제법 직관적인 이름이지요?

D+41

Can't wait to read this book?

이 책 빨리 읽고 싶어?

◎ **can't wait to ...** '~ 하는 것을 기다릴 수 없다'는 표현으로, 무엇인가를 빨리 하고 싶어하는 모습을 나타낼 때 사용할 수 있습니다. (ex. *I can't wait to see you!* 빨리 보고 싶어!)

◎ 이 문장은 원래 *You can't wait to read this book?*에서 맨 앞의 *you*를 생략한 것으로, 평서문의 형태를 띠고 있지만 일상대화에서는 평서문의 끝을 올려 의문문처럼 사용하는 경우가 많습니다.

D+320

How about petting the doggie?

멍멍이 쓰다듬어줄까?

◎ **pet**은 '반려 동물'이라는 명사로 익숙하지요? 하지만 pet이 동사로 쓰이면, '쓰다듬다'라는 의미가 됩니다. 이는 주로 동물에게 많이 쓰이지만, 아이의 머리를 부드럽게 쓰다듬을 때도 사용할 수 있습니다. 성인에게 사용하면 부적절한 의미를 지닐 수도 있으니 주의하세요.

◎ 비슷한 단어로 앞서 pat (가볍게 두드리다, 토닥거리다)을 다룬 적이 있습니다 (D+217). 발음도 의미도 비슷하기에 잘 구분해두세요! **pat** (토닥토닥) vs. **pet** (쓰담쓰담)

D+42

Listen to the rattle!
Shake, shake, shake!

딸랑이 소리 들어봐! 흔들 흔들 흔들!

- **rattle**이은 딸랑이, 또는 '딸랑딸랑, 달그락달그락' 하는 소리를 의미합니다.

- 딸랑이를 흔드는 동작을 표현하며 **shake, shake, shake**라고 하는 대신, 딸랑이의 소리를 흉내 내어 **jingle, jingle** 또는 **tinkle, tinkle**이라고 해도 좋습니다. 각 의성어가 어떤 소리를 묘사하는지 YouTube에 jingle sound, tinkle sound 등을 검색해 보세요.

D+319

Wow, you can turn the pages!

와, 너 책장 넘길 수 있구나!

◎ 책장을 넘기다는 **turn**을 사용합니다. '다음 장으로 넘기다'는 **turn to the next page**, '이전 장으로 넘기다'는 **turn to the previous page**, '마지막 쪽으로 넘기다'는 **turn to the last page**라고 합니다. 아래는 책장 넘김과 관련된 추가 표현들입니다.

- *You turned two pages at once.* (한 번에 두 장 넘겼네.)
- *Let's turn back one page.* (한 장 뒤로 가자.)

D+43

Look in the mirror.
That's you!

거울 봐 봐. 저게 너야!

◎ 일반적으로 거울을 보는 모습을 묘사할 때는 **look in**을 사용하고, 만약 거울을 자세하게 들여다 보는 모습을 표현하려면 **look into** 라고 합니다.

◎ **That's you!** 대신 **Is that you?** (저게 너야?) 라고도 질문해 보세요. 여러 연구에 따르면, 아주 어린 월령의 아이들도 문장 끝의 올라가는 억양만으로 엄마가 질문하고 있다는 것을 알아차릴 수 있다고 합니다.

D+318

Shake, shake, shake your head. Say 'no, no, no'.

도리 도리, 고개를 저어요. 아니, 아니, 아니!

◎ 많은 문화권에서는 긍정의 의미를 표현하기 위해 고개를 끄덕이고, 부정의 의미를 표현하기 위해 고개를 좌우로 젓지요. 이 중 고개를 끄덕이는 것은 **nod one's head**라고 하고, 고개를 좌우로 젓는 것은 **shake one's head**라고 합니다.

◎ 본문처럼 단어들을 반복할 때 리듬을 넣어 아이에게 재미있게 말해 줘 보는 것은 어떨까요? 다음 문장도 함께요! *Nod, nod, nod your head. Say 'yes, yes, yes'.*

D+44

Your life will be full of joy and love.

네 인생은 기쁨과 사랑으로 가득할 거야.

◎ **be full of...** '~으로 가득 찬' 이라는 의미입니다. joy and love 외에도 아이의 인생과 관련하여 여러분이 소망하는 다양한 단어를 넣어 연습해 보세요.
  - 행복(*happiness*), 평화(*peace*), 지혜(*wisdom*), 웃음 (*laughter*)

◎ 앞으로 펼쳐질 아이의 인생을 축복하는 말을 추가로 해 주세요.
  - *We wish you to be strong and healthy.* (튼튼하고 건강하게 자라길 바라.)
  - *I hope you always smile a lot.* (항상 많이 웃길 바라.)

D+317

I'll make you fried rice today.

엄마가 오늘 볶음밥 만들어 줄게.

❉ make 동사는 **make+목적어** (~를 만들다)로도 쓰이고, **make+대상+목적어** (~에게 ...를 만들어주다)라고도 쓰입니다. 각각의 예문을 볼까요?
  - *Mommy will make a sandwich.* (엄마가 샌드위치 만들게.)
  - *Mommy will make you a sandwich.* (엄마가 샌드위치 만들어 줄게.)

❉ **fried rice**에는 a나 복수형 -s를 붙이지 않습니다. 하지만 아이에게 '저번에 만들어줬던 그 볶음밥' 과 같이 특정 볶음밥을 지칭하려고 할 때에는, **the fried rice**라고 써야 합니다.

D+45

Oh, your binky fell out.

아, 쪽쪽이가 빠졌구나.

- 우리말은 '~구나', '~네', '~어', '~잖아'와 같이 어미마다 다양한 뉘앙스의 차이가 있지만, 영어로는 '상황을 묘사할 때'는 단순히 주어+동사 문장을 생각하면 됩니다.

- **fall out**은 무엇인가가 빠지다, 떨어져나가다는 느낌을 줍니다.
  - *Did your buttons fall out again?* (단추 또 빠졌어?)
  - *Her candy fell out of her bags.* (걔 가방에서 사탕 떨어졌어.)

D+316

It's your big day,
the Dol photoshoot day!

오늘 중요한 날이지, 돌 사진 찍는 날!

◎ 누군가에게 있어 대회 결승전, 큰 미팅, 파티 주최 등과 같이 중요한 날을 영어로는 **big day**라고 합니다. '첫 번째 생일'이라는 의미의 우리말 '돌'은 **the first birthday**라고 풀어 쓸 수도 있지만, 우리 고유의 문화를 존중하는 차원에서 그냥 **Dol**이라고 써도 좋다고 생각합니다.

◎ **photoshoot**은 '사진 촬영'이라는 명사입니다. **shoot**은 동사로 '쏘다, 발사하다'라는 의미가 있지만, '촬영하다'라는 의미도 있습니다.

D+46

You have such pretty dimples!

보조개가 너무 예쁘다!

◎ 네 보조개가 예쁘다'는 한국어 문장을 직역해서 *Your dimples are so pretty.* 라고 쓸 수도 있지만, 영어에서는 상대방이 지닌 특징을 칭찬할 때 **You have ...** 와 같은 표현을 많이 씁니다. (ex. *You have pretty voice.* 네 목소리 예쁘네.)

◎ **such**를 넣으면 '예쁜 보조개'를 더욱 강조할 수 있어요. 관사 'a'가 올 경우 위치에 주의하세요. (ex. *such a cute baby* 너무 귀여운 아기)

D+315

Come on through! That's awesome!

이리 와 봐! (통과 해 보자!) 굉장하다!

- 이리 오라고 할 때 **come**만 써도 의미 전달은 되지만, 그 뒤에 다양한 전치사가 붙어 의미를 풍성하게 합니다. **on** (계속해서, 앞으로)은 좀 더 적극적으로 독려하는 느낌을 주고, **through** (~를 통과하여, ~를 지나서)는 좁은 공간을 통과해서 오도록 말할 때 쓸 수 있지요.
- 본문에는 사용되지 않았지만 **come over**는 자신의 집에 놀러오라는 맥락에서 많이 사용되는데, over가 주는 '~너머, ~건너'의 느낌 때문에 한국어의 '이리 (우리집으로) 건너와'와 비슷한 느낌으로 생각하면 됩니다.

D+47

Let's take a look around our house.

우리 집 한 바퀴 둘러 보자.

○ **take a look ...** '~를 한 번 보다' 하고 가볍게 표현할 수 있습니다. 본문에서는 집을 한 바퀴 '둘러 보는' 것을 표현하기 위해 around라는 전치사가 왔지만, 그 밖에도 다양한 전치사가 올 수 있어요.
- *Take a look under your blanket.* (담요 아래 한 번 봐 봐.)
- *Take a look through the window.* (창문 너머 한 번 봐 봐.)
- *Take a look over there.* (저 쪽 한 번 봐 봐.)

D+314

Look here, sweetie.
Say cheese!

여기 봐, 아가야. 치즈~!

look here (여기 봐)는 사진을 찍을 때, 카메라를 보라고 시선을 끌기 위해 하는 가장 일반적인 말입니다. 사진을 찍을 때 **cheese**라고 하는 것은, 'ee' 발음에서 입꼬리가 자연스럽게 옆으로 벌어진 미소 띈 표정을 지을 수 있기 때문이지요. 한국에서 '김치', 일본에서 '위스키'라고 하는 것과 같은 맥락입니다. 요즘 사진작가들은 사람들을 웃게 하기 위해 **money**라고 말하도록 유도하기도 한다고 합니다.

D+48

Your daddy's getting a warm bottle for you.

아빠가 따뜻한 우유(병)를 준비하고 있어.

○ **get**이라는 동사는 쓰임새가 정말 다양한데, '얻다/가지다' 라는 중심 의미 이외에도 '가져오다', '준비하다', '만들다' 등의 의미로도 사용됩니다.

○ **bottle** 자체는 우유병이라는 의미가 되겠지만, 이같이 맥락이 분명한 상황에서는 '우유' 또는 '분유'라는 말 대신으로도 자주 쓰입니다.

D+313

You're like a little baby bear.

너 마치 작은 아기 곰 같아.

◎ 앞서 **일반동사+like ...**가 '~처럼 ...하다'라는 표현을 다룬 적이 있었습니다 (D+127). 이번에는 **be동사+like ...**(마치 ...같다)에 해당하는 문형으로, 조금 달라 보이지만 사실상 하나의 용법입니다.

- *You're like a princess!* (너는 공주님 같아!)
- *He's like a ray of sunshine.* (그 아이는 마치 한 줄기 햇살 같아.)

D+49

You pooped in your diaper.

기저귀에 응가 했네.

○ 대변을 표현하는 여러 영단어 중, 가장 대중적이고 아이에 맞는 단어로는 **poop**, **poo**, 또는 **poo-poo** 등이 있어요. 이 단어들은 명사와 동사 모두로 사용 가능합니다. 마찬가지로 소변은 **pee** 또는 **pee-pee**라고 합니다.

  - *Do you need to poo-poo (poop)?* (응가 마려워?)
  - *Did you go pee-pee?* ([화장실에 가서] 쉬 했어?)

D+312

Want to copy mommy?
Wipe, wipe, wipe.

엄마 따라 해 볼까? 쓱싹 쓱싹.

◈ **copy**는 '복사하다'의 중심 의미와 함께 '따라하다'는 뜻도 있습니다. 엄마의 행동을 따라해 보라고 제안할 때, copy를 사용할 수 있지요.
(ex. *You copy everything your sister does!* 너 언니가 하는 거 다 따라하는구나!)

◈ 관련된 표현으로 **copycat**이라는 단어가 있는데, 이는 다른 사람이 하는 것을 따라하는 사람, 즉 따라쟁이나 흉내쟁이에 해당하는 말입니다. 그 대상에 대해 조금은 못마땅한 느낌을 주는 단어예요.

D+50

We'll take a photo
for your 50-day celebration.

우리 네 50일 기념사진 찍을 거야.

○ '사진'을 뜻하는 대표적인 영단어 photo와 picture의 차이를 살펴볼까요? **photo**는 **photograph**의 줄임말로 실제 사진을 의미하는 반면, **picture**는 반드시 눈에 보이는 사진이 아니라 마음 속에 떠올리는 추상적인 이미지, 심상의 의미로도 사용합니다.
(ex. *Picture your baby in your mind.* 마음속에 아기의 모습을 그려보세요.)

○ **for your 50-day celebration** '50일 기념으로' 라고 해석할 수 있어요.

D+311

Shall we go to the playground?
It'll be so much fun!

우리 놀이터 갈까? 재밌을거야!

◇ 무엇인가를 제안하는 표현인 **shall we**와 **should we**는 어떤 차이가 있을까요?
shall은 원래 I 나 we와 함께 쓰여 미래의 약속, 제안, 의무 등을 나타내는 조동사인데, shall의 과거형이 바로 should입니다. 제안의 상황에서 둘은 거의 같은 의미로 쓰이지만, shall은 미국 영어에서는 사용이 줄어들고 should로 거의 대체되는 추세입니다. 하지만 영국 영어에서는 shall이 여전히 쓰이고 있으므로 둘 다 알아두는 것이 좋습니다.

D+51

Time for a nap, my little sleepyhead.

낮잠 시간이야, 잠꾸러기 꼬맹아.

◯ **Time for ...** '~할 시간' 이라는 의미로, 앞서 연습했던 **It's time to ...** 와의 차이점은 뒤에 동사가 아닌 명사가 온다는 점입니다. 문장들을 비교해 보세요.
- *Time for your nap. / It's time to take a nap.* (낮잠 시간이야.)
- *Time for bath. / It's time to take a bath.* (목욕 시간이야.)
- *Time for yum-yums. / It's time to eat.* (맘마 시간이야.)

◯ **sleepyhead**는 잠꾸러기라는 뜻이지만, 졸려하는 아이를 지칭하기도 합니다.

D+310

Who took all the books out?

누가 책 다 꺼내놨어?

◎ '누가 ~했어?' 라고 질문할 때에는 **Who+동사(과거형)**으로 씁니다. 아주 단순한 구조이지만 활용도가 높으니 익혀두면 좋습니다. 유명한 영어 동요의 제목인 *Who took the cookie from the cookie jar?* (누가 쿠키 단지에서 쿠키 훔쳤어?) 도 이 문형이지요.

◎ **all the 명사** '~ 전부 다'라는 의미로 자주 사용됩니다.
(ex. *Let's count all the animals in this picture.* 이 그림에 있는 동물들 전부 다 세어보자.)

D+52

Let's snuggle up together.

우리 꼭 껴안자.

◎ **snuggle**은 부드럽고 따뜻하게 안거나 꼭 붙어있는 모습을 나타내는 단어입니다. 다양한 예문들로 활용법을 확인해 보세요.

- *Do you like to snuggle your Teddy bear tight?* (곰인형 꼭 안는 거 좋아?)
- *You like to snuggle in the towel.* (수건에 폭 안기는 거 좋아하는구나.)
- *The baby snuggled up to her mother.* (아기가 엄마에게 바싹 파고들었다.)

D+309

Watch out! You might jam your finger in the door.

조심해! (잘 봐!) 문에 손가락 찧겠어.

💧 **Watch out**은 직역하면 '잘 봐' 라는 의미로, 주위를 잘 살펴서 위험을 피할 수 있는 상황에 쓰는 표현입니다. 예를 들어, 아이가 뛰어다니다 바닥에 있는 장난감을 밟을 것 같은 상황이 있지요. 반면, **Be careful**은 전반적으로 주의를 기울여야 하는 상황에서 사용합니다. 아이에게 가위를 조심해서 다루라고 미리 주의를 주는 상황에 적절합니다.

💧 **jam**은 '찧다/끼다'라는 뜻이고, **might jam**로 쓰여 '찧을 수도 있어'라는 가능성을 나타냅니다.

D+53

Hold still
while I unbotton your clothes.

엄마가 단추 풀 동안 가만히 있어 봐.

◯ **Hold still**에서 **still**은 '가만히 있는'이라는 뜻으로, '가만히 있는 상태를 붙잡고 있어라', 즉 '가만히 있어라는 뜻이 됩니다.

◯ **button**(단추)은 '단추를 잠그다'라는 동사로도 쓰이는데, 앞에 un-을 붙인 **unbotton**은 그 반댓말이 되어 '단추를 풀다' 라는 뜻이 됩니다. 이 때 단추는 구멍에 꿰는 단추도 가능하지만 똑딱이 단추 (**snap buttons**)에도 쓸 수 있습니다.

D+308

Blow mommy lots of kisses!

엄마한테 뽀뽀 날려!

◎ 상대에게 뽀뽀를 날리는 동작을 영어로는 **blow a kiss**라고 표현합니다. **blow**는 일반적으로 '불다'라는 뜻이지만, 여기서는 뽀뽀를 '불어 날리다'는 의미로 사용되어 재미있는 표현이 됩니다.

◎ 추가로, '뽀뽀해주다'는 **kiss**를 동사로 쓸 수도 있고 (ex. *Kiss mommy!*) 명사로 쓸 수도 있습니다. (ex. *Give mommy a kiss!*). 하지만 후자가 좀 더 부드럽고 자연스러운 느낌이 들어요. 그리고 뽀뽀를 한 번 '쪽' 하는 경우는 a kiss로 쓰지만, 여러 번을 의도한다면 *lots of kisses*로 표현할 수 있습니다.

D+54

(grandma and grandpa)
Your nana and papa will come any minute now.

할머니 할아버지가 곧 오실 거야.

◇ **any minute now** 곧 일어날 일이긴 하지만, 정확히 언제일지 모를 때 사용할 수 있는 표현입니다. 비슷한 표현으로 **at any moment** (금방), **in a minute** (잠시 후, 곧) 등이 있습니다.

◇ 예전에는 할머니, 할아버지를 함께 **nana and papa**라고 표현을 많이 했는데, 지역/가족별로 차이는 있지만 요즘은 papa를 아빠라는 의미로 사용하는 경우가 더 많아졌다고 합니다. 혼란을 피하기 위해서는 **grandma, grandpa**라고 하는 것도 좋겠네요.

D+307

Take the fork.
You can hold it by this part.

여기! 포크 받아. 이 부분 잡는거야.

◎ 무엇인가를 건네주면서 받으라고 할 때 사용하는 동사는 **take**입니다. get 역시 '받다'는 의미가 있지만, *get the fork*라고 하면 '포크를 가져와', 또는 '포크를 찾아와'의 의미로 쓰입니다.

◎ 새로운 물건 부위의 명칭을 알려 줄 때, 처음에는 손가락으로 가리키며 **this part**라고 말해주는 것이 좋습니다. 그리고 나서 정식 명칭을 말해주는 것이지요. 본문의 상황에서 포크의 손잡이는 **handle**, 포크의 날카로운 날 부분은 tine /타인/의 복수형으로 **tines** 또는 **prongs**라고 합니다.

D+55

You're done!
Are you full now?

다 먹었네! 이제 배 불러?

- **done**은 무엇인가가 완료된 상태를 의미하는 표현으로, 음식을 다 먹었을 때 뿐만 아니라 옷을 다 입었을 때, 목표를 완수했을 때 등 다양한 상황에서 사용될 수 있습니다. (ex. *I'm done!* 저 다했어요!)

- **full**은 중심 의미가 '꽉 찬' 이지만, '배부른'의 뜻도 있습니다 (ex. *I'm full.* 배불러.) 수유를 끝낸 후에는 *Are you satisfied?* (만족스러워?)라고 이야기해 줄 수도 있어요.

D+306

We're going camping today! Yay!

우리 오늘 캠핑 간다! 만세!

◎ **go ...ing** '~하러 가다'는 표현입니다. 이 형태로 자주 쓰이는 동작들은 다음과 같습니다.
  - *go shopping* (쇼핑 가다) - *go hiking* (등산 가다) - *go skating* (스케이트 타러 가다)
  - *go swimming* (수영하러 가다) - *go sleeping* (자러 가다)

◎ '만세'하고 기쁨이나 즐거움을 나타내는 감탄사로는 Yay! 이외에도, **Hooray! Woo-hoo! Yahoo!** 등이 있습니다.

D+56

Are you having fun with Daddy?

아빠랑 즐거운 시간 보내고 있어?

○ **Are you having fun ...?** '즐거운 시간 보내고 있어?' 라는 질문인데, 뒤에 다양한 표현이 붙어
   내용을 풍성하게 할 수 있어요.
   - *Are you having fun in the bath?* (욕조에서 즐거운 시간 보내고 있어?)
   - *Are you having fun looking at your mobile?* 모빌 보면서 즐거운 시간 보내고 있어)

D+305

Let's unzip it.

지퍼 열자. (지퍼 내리자.)

◇ 지퍼를 잠그는 것은 **zip**, 지퍼를 여는 것은 **unzip**이라고 표현합니다. 또는 지퍼를 움직이는 방향을 중심으로 올리는 것은 **zip up**, 내리는 것은 **zip down**이라고 합니다.

◇ 그밖에 지퍼와 관련된 표현으로는, 지퍼가 걸려서 움직이지 않을 때는 *The zipper is stuck.* 이라고 말할 수 있고, **XYZ** (*Examine Your Zipper*)는 '네 지퍼 점검해 봐'라는 의미로, 누군가의 지퍼가 열렸음을 재치있게 알려줄 때 사용할 수 있습니다. 추가로, 바지 지퍼의 경우 zipper 대신 **fly**라는 단어를 주로 사용한답니다.

D+57

You're cooing!
What are you trying to say?

옹알이 하네! 무슨 말 하고 싶어?

아기들이 내는 초기 언어에 가까운 소리를 우리말로는 '옹알이'라고 하는데, 영어에서는 소리의 특징에 따라 다른 단어를 사용합니다. 먼저 **babble**이라는 단어는 '마', '바'처럼 자음과 모음이 결합된 소리를 나타냅니다. 하지만 이보다 앞서 '아', '오'와 같이 모음으로만 이루어진 소리를 내는 단계가 있는데 이 소리는 **cooing**이라고 합니다.

D+304

Look who's got her front teeth!

누가 앞니가 났는지 봐!

- **Look who ...** '누가 ~하는지 봐!'라는 뜻으로, 아이의 새로운 발달 단계나 성취, 또는 긍정적인 행동에 대한 놀라움이나 기쁨을 나타낼 때 사용할 수 있는 표현입니다.
  - *Look who's walking!* (누가 걷고 있나 봐)
  - *Look who's here!* (봐, 누가 왔어!)

- 본문의 's got은 has got의 줄임말로, **have/has got**은 '~를 갖다'는 의미입니다.

D+58

Oh, our little baby is a bit drooly today!

어, 우리 아기가 오늘 좀 침을 흘리네!

○ **drool**은 '침을 흘리다'라는 뜻입니다. 하지만 형용사인 **drooly** (침을 흘리는)으로 변형할 수 있어요. 비슷하게, **drowse**는 '졸다'는 뜻이지만, **drowsy** (졸리는, 졸리게 만드는)와 같이 형용사로의 변형이 가능합니다.

(ex. *You look so drowsy, my little one.* 아가야 너 졸려 보이는구나.)

D+303

Will you share
your puffs with him?

친구랑 과자 나눠 먹을래?

◎ 우리말의 '나눠 먹다'라는 단어는 나누다+먹다의 합성어인데, 영어에서는 '나누다'는 의미에 더 초점이 맞추어져 있어 **share**로 표현합니다. share는 음식이나 물건 뿐 아니라, 감정, 경험, 시간을 공유할 때에도 사용합니다. (D+16 참고)

◎ 영어권에서 자주 사용되는 문구로 다음을 기억해 보세요.
 - *Remember, sharing is caring.* (기억하세요, 나누는 것이 곧 사랑입니다.)

D+59

You're not happy with your bodysuit?

네 바디수트 마음에 안 들어?

↗ bodysuit/onesie

romper ←

○ **not happy with ...** 무엇인가가 마음에 들지 않는다는 것을 표현할 때 쓸 수 있어요.

○ **bodysuit**는 위아래가 연결된 형태로, 다리가 없고 가랑이 부분에 똑딱이 단추가 있어 기저귀 교체가 용이하게 만들어진 아기 옷입니다. 최근에는 한 회사의 상품명에서 비롯된 **onesie**라는 단어도 같은 의미로 많이 사용됩니다. (지역에 따라 약간의 차이는 있어요.) 반면 **romper**는 하의 부분이 조금 더 길게 붙어있는 옷으로, 주로 외출복으로 입힙니다.

D+302

Are you dropping your third nap now?

이제 세 번째 낮잠 안 자려는 거야?

◎ 신생아 시절 아이들은 4~5회의 낮잠을 자다가, 그 횟수가 점차 줄어들어 나중에는 낮잠을 아예 자지 않게 되지요. 이 때 낮잠이 하나씩 사라지는 것을 **drop**이라는 동사로 표현합니다. **drop**은 본래 '떨어지다, 떨어뜨리다'의 의미이지만, '~를 빼다', '~를 그만두다'라는 의미로도 사용됩니다.

◎ 낮잠 변환기 (nap transition)와 관련된 표현을 좀 더 소개해드릴게요.
- *Is it time to change your nap time?* (낮잠 시간 바꿔볼 때가 됐나?)
- *Are we moving to a two-nap schedule?* (우리 낮잠 2회기로 접어드는 거야?)

D+60

Let's clean your bottom.

엉덩이 씻자.

◌ 엉덩이를 씻사고 표현할 때 쓸 수 있는 동사로는 clean 이외에도 wash나 wipe가 있습니다. **clean**은 '깨끗하게 하다'로 가장 포괄적인 뜻이고, **wash**는 물을 이용해 씻는 것을 의미합니다. **wipe**는 '문질러 닦다'는 의미이므로, 물티슈 등으로 간단하게 닦을 때 사용하는 것이 적절합니다.

◌ 엉덩이는 **bottom** 외에도 **tushie (tushy), bum** 등으로 사용할 수도 있는데, 나중에 뒤에서 더 자세히 살펴보겠습니다.

D+301

Please,
just one more spoonful.

제발, 딱 한 입만 더 먹자.

◎ 우리말의 '한 입 더'은 구체적인 상황 맥락에 따라 영어로 다르게 표현할 수 있습니다. 만약 숟가락으로 무엇인가를 떠 먹는 상황이라면 **one more spoonful**로 나타내며, 베어 먹는 상황일 때의 '한 입 더'는 **one more bite**라고 할 수 있지요.

◎ 이와 유사하게, 무언가를 먹고 있는 친구에게 '나 한 입만 줄래?' 라는 표현은 *Can I have a bite?* 또는 *Can I have a spoonful?* 과 같이 말할 수 있습니다.

D+61

Do you want to sit in the carrier?

아기띠 할래?

아기띠는 일반적으로 **baby carrier** 또는 줄여서 **carrier** 라고 합니다. 하지만 생김새나 구조에 따라 명칭이 나뉘는데, 대표적으로 긴 천을 이용한 방식의 **baby sling**, 어깨끈과 허리벨트 등으로 고정시키도록 형태가 잡혀있는 **soft-structured carrier (SSC)**, 그리고 아기를 앉힐 수 있는 좌석이 붙어 있는 **hip seat carrier**가 있습니다.

D+300

I had such a lovely day with you.

엄마는 너와 함께 정말 사랑스러운 하루를 보냈어.

◎ 영어에서는 **lovely day** (사랑스러운 하루)라는 표현을 많이 사용한답니다. *lovely smile, lovely dress, lovely time*처럼 꼭 '사랑스러운'이 아니어도, '아름다운', '멋진', '즐거운' 등 긍정적인 의미로 해석될 수 있어요.

◎ 형용사+명사의 구조에서, '정말' 과 같이 의미를 더 강조하기 위해 앞에 **such a** 를 붙여 말합니다. *such a pretty house, such a good friend* 처럼 말이예요. 만약 명사가 복수형인 경우, 관사를 빼고 such+형용사+명사가 되기도 합니다 (ex. *such beautiful flowers*)

D+62

We're going to the doctor for your shots.

예방접종 맞으러 병원(의원) 갈 거야.

◎ 우리가 흔히 방문하는 동네 소아과는 대부분 '의원'입니다. 우리에게 익숙한 단어인 **hospital**은 대학병원과 같이 큰 종합병원을 의미하기 때문에, 예방접종하러 가는 맥락에서는 적절하지 않아요. 그럴 때엔 **go to the doctor** (이미 만난 적 있는 의사) 또는 **see a doctor** (처음 만나는 의사) 라는 표현을 사용합니다.

◎ **shots**는 일상적인 대화에서 '주사'를 의미하며, 특히 예방접종을 가리킬 때 자주 사용됩니다.

D+299

Ribbit, ribbit.
Here's a little froggy.

개굴, 개굴. 여기 작은 개구리가 있네.

◎ 개구리가 '개굴, 개굴' 우는 소리는 영어로 **ribbit, ribbit**이라고 합니다. 실제 개구리 소리와 상당히 유사하게 들리지 않나요? 아직까지 나오지 않았던 동물 의성어/의태어를 몇 가지 더 소개하겠습니다.

- 돼지 (꿀꿀) *oink*　- 양 (매에) *baa*　- 말 (이히힝) *neigh*　- 부엉이 (부엉부엉) *hoot*
- 새 (짹짹) *chirp*　- 사자 (어흥) *roar*　- 벌 (윙윙) *buzz* / 쥐 (찍찍) *squick*

◎ 개구리는 frog이지만, **froggy**로 귀엽게 표현하기도 합니다.

D+63

You are the apple of my eye.

너는 눈에 넣어도 아프지 않을 만큼 소중해.

◎ **apple of one's eye** 고대 영어에서 처음 등장한 말로, 당시에는 '동공'이라는 의미로 사용되었다고 합니다. 현대에서 **You are the apple of my eye**라는 표현은 비유적으로 너는 내 눈의 동공, 즉 무엇보다 소중한 가장 우선 순위의 존재라는 의미가 됩니다.

◎ 비슷한 의미의 다른 표현으로는 *You are my sunshine* (넌 내 햇살이야), *You mean the world to me* (넌 내게 있어 세상 전부야) 등이 있습니다.

D+298

Look at your tummy sticking out. You ate a lot!

배 볼록 튀어 나온 것 봐. 많이 먹었구나!

◎ **stick**은 원래 '찌르다', '붙이다', '들러붙다' 등의 의미가 있지만, **stick out**은 '튀어나오다'라는 의미의 구동사입니다. 혀를 내밀고 '메롱'하는 모습은 stick out tongue 이라고 소개된 적이 있지요 (D+165). 그래서 '눈에 띄다'라는 의미도 있다는 점을 한 번 더 짚고 넘어갑시다.

◎ '많이 먹었다'는 일반적으로 **ate a lot** 이라고 말하며, **had a big meal** (거대한 식사를 했다) 등 으로 표현할 수도 있습니다.

D+64

Let's put on your bib.

턱받이 하자.

◎ 턱받이는 영어로 **bib**이라고 합니다. 무엇인가를 몸에 착용한다는 의미를 나타낼 때 우리말로는 '입다, 쓰다, 차다, 신다, 끼다' 등 단어가 다양하게 분화되어 있지만, 영어는 대부분 **put on** 하나로도 사용이 가능하답니다.

◎ put on과 흔히 함께 떠올리는 **wear**도 '입다' 이지만, wear는 입고 있는 상태를 나타낼 때 쓰는 반면 put on은 입는 동작을 나타낼 때 씁니다.

D+297

Come back here!
We shouldn't bother her.

이리 돌아와! 방해하면 안 돼.

- **come back here** (이리 돌아와)는 부드럽게 말할 수도 있고, 명령조로 말할 수도 있습니다. 비슷한 의미로 **get back** (돌아와), **get here** (이리와), **get back here** (이리 돌아와) 등의 표현도 있지만, get으로 시작하는 표현들은 다소 긴급하거나 명령조의 강한 어조임을 알아두세요.

- **shouldn't** '~하면 안 돼'라는 의미입니다. 다양한 금지 표현 중, **shouldn't**와 **let's not**은 비교적 부드러운 느낌이며, **no ...ing, don't ..., stop ...ing**는 간단하지만 다소 강할 수 있는 느낌이예요.

D+65

Are you ready for a bath?

목욕 할 준비 됐어?

◯ **Are you ready ...?** '~할 준비 되었니?' 라는 질문으로, 뒤에 for+명사가 올 수도 있고 또는 to+동사원형이 올 수도 있어요. 비슷한 의미를 지닌 두 문장 쌍을 비교하며 확인해 보세요.
   - Are you ready **for a nap**? / Are you ready **to take a nap**? (낮잠 잘 준비 됐어?)
   - Are you ready **for dinner**? / Are you ready **to have dinner**? (저녁 먹을 준비 됐어?)

D+296

Quickly! Get into the bathrobe! Let's not forget your cute hood.

빨리! 가운 속으로! 귀여운 모자도 잊지 말자.

◎ 우리가 보통 목욕가운이라고 부르는 것은 영어로 **bathrobe**라고 합니다. **robe**는 일반적으로는 법관복이나 졸업식에 입는 옷 등을 칭해요. 반면에 **gown**은 주로 특별한 행사나 공식 석상에서 여성들이 입는 긴 드레스를 의미합니다. (하지만 영국에서는 bathrobe를 **dressing gown**이라고 하기도 합니다.)

◎ **Let's not ...** '~하지 말자'는 의미를 부드럽게 전달하는 표현입니다. 다양하게 활용해 보세요.

D+66

How about going for a walk?

밖에 산책 나가는 거 어때?

◎ **How about ...?** '~는 어때?' 하고 제안하는 표현입니다. 이 뒤에는 명사 또는 동사+ing형태가 옵니다. 다음을 넣어서 연습해 보세요.
  - 간식 어때? (*a snack*)   - 장난감 가지고 노는 건 어때? (*playing with your toys*)
  - 책 읽는 건 어때? (*reading a book*)

◎ **go for a walk** '산책 가다' 또는 '산책을 나가다'는 의미입니다. 통째로 외워두는 것이 유용할 거예요.

D+295

No chewing on the straw. It'll get soggy and tear.

빨대 씹으면 안 돼. 젖어서 찢어질 거야.]

◎ **No ...ing** '~하지 마하고 어떤 동작을 하지 말도록 지시하는 가장 간단 명료한 표현 중 하나이지요.

◎ **chew** 자체가 '씹다'는 의미이지만, **on**이 뒤이어 와서 어떤 동작의 지속성, 즉 잘근잘근 계속해서 씹고 있는 느낌을 더해주기 때문에 보통 **chew on**이 함께 쓰입니다.

◎ **soggy**는 물에 젖어 축축하고 물렁물렁해진 상태를 묘사하는 단어입니다. **tear**는 '찢다' 또는 '찢어지다'인데, 눈물을 의미하는 tear (/티어/)와 철자는 같지만 /테어/라고 발음합니다.

D+67

Do you want some more?
What a good eater!

더 먹을래? 정말 잘 먹는구나!

◎ **What a ...!** '굉장한 ~이야!' 와 같이 감탄하는 느낌을 표현할 수 있는 문장입니다.
(ex. *What a beautiful day!* 정말 아름다운 날이야!)

◎ 영어에서는 누군가가 가진 특성을 나타낼 때, **형용사 + 동사-er**의 구조로 '~하는 사람'이라고
하는 경우가 많아요. (ex. *good eater* 잘 먹는 사람)
- *She's a quick learner.* (그녀는 뭐든 배우는 속도가 빨라.)
- *He's a big talker.* (그는 말이 많아.)

D+294

Your T-shirt is on backward.

티셔츠 거꾸로 입었네.

◎ 무엇인가의 앞, 뒤가 바뀌어 있는 상태는 **on backward** 또는 **on backwards**로 표현합니다. 위, 아래가 바뀐 상황이라면 **upside down**, 안쪽과 바깥쪽이 뒤집힌 상황이라면 **inside out** 이라고 합니다. Inside-out은 디즈니-픽사의 유명 애니메이션의 제목이기도 한데, 주인공의 마음 속 감정을 밖으로 꺼내어 보여준다는 의미로 지어졌지요.

- *The book is upside down.* (책이 거꾸로 있어).
- *Your sweater is inside out.* (스웨터를 뒤집어 입었네. 태그가 안쪽에 있어야 해.)

D+68

You really gotta take a nap now.

너 이제 진짜 낮잠 자야 해.

🌼 **gotta**는 **have got to**의 줄임말로, 주로 구어체에서 '~ 해야한다'로 많이 쓰입니다.
예문들로 연습해 볼까요?
- *We've got to go. = We gotta go.* (우리 가야겠다.)
- *You've got to go to bed now. = You gotta go to bed now.* (너 이제 자러 가야 해.)

D+293

Let's shake out the wet laundry.

젖은 빨래 털자.

◎ 세탁기에서 갓 꺼낸 빨래를 탈탈 흔들어 터는 동작은 **shake** 또는 **shake out**으로 표현합니다.

◎ shake가 쓰이는 다양한 상황을 더 살펴볼까요?
- *shake your[my] head* (고개를 좌우로 젓다)
- *shake off the sand* (모래를 털다 - 손이나 옷에 모래가 묻은 상황)
- *shake hands* (악수하다)

재미있는 추가 표현으로, **Shake a leg!**는 서둘러!라는 숙어로 사용됩니다.

D+69

I hope you don't get cranky.

짜증내지 않았으면 좋겠어.

◎ **I hope you ...** '나는 네가 ~했으면 좋겠어', 혹은 **I hope you don't ...** '~하지 않았으면 좋겠어' 라고 부드럽게 말하는 표현입니다. 긍정문 한 문장, 부정문 한 문장씩 연습해 보세요.
- 나는 네가 이제 낮잠을 잤으면 좋겠어 (*take a nap now*)
- 나는 네가 그렇게 많이 울지 않았으면 좋겠어 (*cry so much*)

◎ **get cranky** '짜증내다, 까칠하게 굴다'라는 의미입니다. 비슷한 의미로는 **get upset** (화내다, 짜증내다), **get irritated** (짜증내다) 등이 있습니다.

D+292

Do you want to try eating on your own?

한 번 직접 먹어볼래?

◎ **Do you want to ...** '~해 볼래?'라고 가볍게 권유하거나 제안하는 의미로 많이 사용됩니다. (ex. *Do you want to play with blocks?* 블록 갖고 놀래?) 반대로 **you don't want to ...** 처럼 want 동사를 부정으로 말하면 '~하지 마라'는 말을 완곡하게 제안하는 방법이기도 합니다. (ex. *You don't want to touch that. It's hot.* 그거 만지지 마. 뜨거워.)

◎ **on your own**은 '네 스스로, 직접'의 의미입니다. 비슷한 말로 **by yourself**가 있으며, 이 두 표현은 거의 같은 의미로 사용됩니다.

D+70

I'll sing you a lullaby.
"Rock-a-bye baby on the treetop"

자장가 불러 줄게.
"자장자장 아기 나무 위에서."

◎ **sing you a song** '너에게 노래를 불러주다' 입니다. song 대신에 **lullaby**(자장가)를 넣어 표현된 문장이지요. lullaby는 /럴라바이/에 가깝게 발음합니다.

◎ 이 문장이 포함된 노래의 전체 가사는 다음과 같습니다.
Rock-a-bye baby on the treetop 자장자장 아기 나무 위에서
when the wind blows the cradle will rock 바람이 불면 요람이 흔들려
when the bough breaks the cradle will fall 나뭇가지가 부러지면 요람이 떨어져
and down will come baby, cradle and all. 아가도 요람도 모두 떨어지네

D+291

Oh, someone spilled the puffs all around. Was it you?

아이고 누가 과자 다 엎질렀네. 너야?

◎ spill은 '엎지르다', '흘리다'는 의미로, 액체 또는 작은 입자로 된 물건들이 쏟아지는 것을 표현합니다. 과거형으로 spilled와 spilt 둘 다 가능한데, spilt는 주로 영국에서 사용되지만 국제적으로는 점점 덜 사용되는 추세입니다.

◎ '네가 했어? 너야?'라는 의미로 Did you do this?라는 직접적인 표현도 자주 사용됩니다. 다만 Was it you?라고 하면 좀 더 놀람이나 농담의 뉘앙스를 담을 수 있어요.

D+71

Oh no, you spit up!
Let's change.

아이고, 토했구나! 옷 갈아입자.

◈ 일반적으로 '토하다'는 표현은 보통 **vomit**이나 **throw up**을 사용하지만, 아기들이 소량의 음식을 토하거나 우유가 가볍게 역류할 때에는 **spit up**이라는 표현을 사용합니다. 이 때, spit (뱉다)의 과거형은 *spit* 또는 *spat*입니다.

◈ '옷을 갈아입다'는 **change clothes**이지만, 맥락상 이해되는 경우가 많기 때문에 **change** 라고만 말하는 경우가 많아요.

D+290

Brush, brush, brush your teeth.
I put some toothpaste on your brush.

치카치카 이 닦자. 칫솔에 치약 뿌렸어.

◎ 영어에는 우리말의 '치카치카' 또는 '쓱싹쓱싹'처럼 이 닦는 소리나 동작에 특화된 단어가 없습니다. 대신 **brush**라는 동사를 반복 사용해서 비슷한 느낌을 낼 수 있지요.

◎ 본문의 brush, brush, brush your teeth라는 구절은 유명한 영미권 구전 동요인 *'Row, row, row your boat'*의 멜로디에 맞추어 자주 쓰입니다.

D+72

You can do tummy time longer and longer!

너 터미 타임을 점점 더 오래 할 수 있구나!

◇ **do tummy time** '터미타임을 하다'는 우리말과 같이, 영어에서도 터미타임은 do동사를 사용해서 표현합니다. 이 문장은 *You're on your tummy longer and longer!* (배로 점점 더 오랜 시간을 버티는구나)와 같이 말할 수도 있어요.

◇ **longer**는 '더 긴'이라는 뜻이지만, **longer and longer**처럼 비교급 and 비교급으로 쓰이면 '점점 더 길게'라는 의미가 됩니다.

D+289

Would you like to say hello to your friend over there?

저기 친구한테 인사 할래?

◌ **Would you like to ...** 직역하면 '혹시 ~하고싶니?' 라는 부드러운 질문이지만, 본문의 경우 숨은 의미는 '~하자'의 부드러운 권유에 해당됩니다.

◌ '인사하다'는 상황과 맥락에 따라 영어로 표현하는 방식이 여러가지이지만, 일반적으로는 **say hello**로 표현하는 것이 적절합니다. 하지만 말을 하지 못하는 아기에게는 **wave** (손을 흔든다), **wave hello** (손을 흔들어 인사하다) 등으로 바꾸어 써도 좋습니다.

D+73

Hold my hand tight.
Wow, you're strong!

엄마 손 꽉 잡아. 와, 힘 세네!

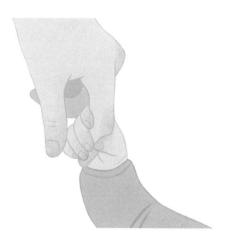

◎ '엄마 손 잡아'에서 끝나지 않고 뒤에 **tight**가 붙어서 '꽉/세게' 잡으라는 의미가 되었어요. tight는 우리의 일상 속에서도 굉장히 자주 쓰입니다. '일정이 여유가 없이 빠듯하다'는 의미로 사용되는 '일정이 타이트하다'는 표현에도 들어가고, 스타킹보다 다소 두꺼운 실로 만들어지는 '타이즈' 역시 tights에서 온 말이랍니다.

D+288

What? Are you saying da-da?

뭐라고? '다다'라고 하는 거야?

다다!

◌ 아이들이 자음 소리가 결합된 옹알이를 시작하기도 하는 시기이지요. 특히 ㅁ, ㅂ, ㄷ는 아기들이 처음으로 익히게 되는 소리인데, 그래서 세계 여러 언어에서 공통적으로 엄마, 아빠를 뜻하는 단어에는 m, b, d 등의 소리와 모음이 결합된 경우가 많습니다.

◌ 상대의 말을 되물을 때, **What did you say?** 또는 그냥 **What?**이라고 하면 됩니다.

D+74

Let me rinse your hair.
It'll be quick.

엄마가 네 머리 좀 헹굴게. 금방이야.

◎ 우리말에서는 '린스'가 머릿결을 부드럽게 하기 위해 발랐다가 헹궈내는 제품을 의미하지만, 영어에서 **rinse**는 '헹구다'라는 의미입니다. 우리말의 '린스'에 해당하는 제품은 컨디셔너 (**conditioner**)라고 하지요.

◎ **It'll be quick** 직역하면 '그것은 빠를 거야.' 입니다. 추가로 fast와 quick을 헷갈려하는 경우가 많은데, **fast**는 주로 대상의 움직임의 속도가 빠르다는 의미이고, **quick**은 행동이나 반응이 빨라 시간이 짧게 소요된다는 맥락에서 많이 사용됩니다.

D+287

No, don't pick up the dirt.
Leave it there.

아니야, 먼지 집지 마. 그냥 둬.

◎ **dirt**는 흙, 먼지 등을 의미합니다. **dirty**(더러운)라는 단어가 이 **dirt**에서 파생되어, 원래는 먼지가 묻은 상태를 나타냈지만, 현재는 다양한 종류의 깨끗하지 않은 상태를 포괄적으로 의미하는 단어로 발전했습니다.

◎ **Leave it there** '그냥 그자리에 두라'는 표현할 수 있습니다. 만약 구체적으로 위치를 지정하여 '~에 둬'라고 말하고 싶다면 **there** 대신에 위치를 나타내는 어구를 덧붙이면 됩니다. (ex. *Leave it on the table.* 탁자 위에 둬.)

D+75

Tickle, tickle. Isn't this fun?

간질 간질. 아이구 재밌지?

◎ **tickle**은 '간지럽히다'는 의미의 동사이지만 (ex. *Tickle your feet!* 발을 간질여!), 본문에서처럼 '간질 간질'이라는 의태어처럼 사용되기도 합니다. 비슷한 경우로 **knock** (문을 두드리다)은 **knock knock**과 같이 두 번 반복해서 '똑똑' 하는 의성어가 됩니다.

◎ **Isn't this fun?**은 직역하면 '재미있지 않아?'이지만, 우리말에서 '재밌지?' 정도의 느낌으로 사용할 수 있어요.

D+286

Let's change into the swimsuit.

수영복으로 갈아입자.

◎ **change**는 앞서 '옷을 갈아입다'는 의미로 사용된다고도 소개했는데, '~으로 갈아입자'고 할 때는 **change into**라고 말하면 됩니다.

◎ 수영복은 보통 **swimsuit**라고 하며, 미국에서는 **bathing suit**, 영국이나 호주에서는 **swimming costume**이라는 단어도 사용합니다.
   - **swim diaper** 방수기저귀 / **life vest** 구명조끼 / **floatie, pool floats** 다양한 부력 보조 기구

D+76

Are you trying to roll over? Keep going!

뒤집기 시도하는거야? 계속 해 봐!

◎ 우리말에 '뒤집기'에 해당하는 영어 표현은 **roll over**입니다. 등에서 배로 뒤집는 것은 **roll from back to tummy**, 반대로 배에서 등으로 뒤집는 것은 **roll from tummy to back** 이라고 합니다. 실제 문장으로 표현할 때에는 tummy와 back 앞에 **your**를 함께 써야 자연스럽습니다!

◎ **Keep ...ing** '~를 계속하다라는 뜻으로, **Keep going!** 은 아이가 지금 하고 있는 일을 응원하고 계속 해 보도록 격려할 수 있는 표현이예요.

D+285

Wiggle and jiggle.
Pull them up tight!

씰룩 쌜룩. 위로 쪽 올리자!

◎ 아이를 서 있게 하고 바지를 올려 입히며 재미있게 말할 수 있는 표현이예요.

◎ **wiggle**은 좌우, 양옆으로 꼼지락대거나 씰룩대는 모습을 나타내고 (D+137 참고), **jiggle**도 비슷하게 사방으로 흔들리는 모습을 나타냅니다. 차이가 있다면, wiggle이 살아있는 생물의 움직임을 나타낼 때 자주 쓰이는 반면 jiggle은 물체의 움직임을 나타낼 때 주로 사용됩니다. 하지만 본문에서처럼 **wiggle and jiggle**로 연이어 써서 재미있는 효과를 줄 수 있지요.

D+77

You're doing great!
Kick the button to play a song.

잘 하고 있어! 버튼 차서 노래 틀어봐.

◎ 아이가 하고 있는 일을 칭찬할 때 쓸 수 있는 표현으로는 **You're doing great!** 외에도 **Good job!, You're doing an amazing job!, Excellent work!** 등이 있습니다.

◎ '...해서 ~해봐'라는 표현을 말하고 싶을 때, 뒤의 어구는 to부정사를 활용할 수 있습니다.
   - *Shake the rattle to make a sound.* (딸랑이 흔들어서 소리를 내 봐.)
   - *Press the button to make the toy move.* (버튼 눌러서 장난감 움직여봐.)

D+284

Everything looks so green!

세상이 온통 초록초록하네!

◎ 한여름 시원하게 비가 내린 후 공원에서 이 말을 해 보는 것은 어떨까요?

◎ 대상의 색을 표현할 때, 본문처럼 look 동사를 사용해 *Everything **looks** so green*이라고 할 수도 있고, be동사를 사용해서 *Everything **is** so green*이라고 할 수도 있습니다. is를 사용한 문장은 더 객관적이고 사실적인 묘사의 느낌인 반면, look 동사를 사용하면 말하는 사람의 인상이나 감각이 더 강조되는 느낌이지요.

D+78

You look just like your dad.

너 정말 아빠랑 똑같이 생겼어.

◎ **look like ...** '~처럼 보이다' 라는 뜻으로, 두 단어 사이에 **just**를 넣어 '딱, 꼭'의 의미를 추가할 수 있습니다. 뒤에 your dad와 같은 특정 대상이 올 수도 있지만, 새로운 문장이 와서 '(문장)인 것 같아'라고 자신의 추측을 표현할 수도 있습니다.

   - *It looks like you're upset.* (네가 기분이 안 좋은가보구나.)
   - *It looks like your dad's gonna be a bit late.* (아빠가 늦으시나 봐.)

D+283

Are you excited to get in the car?

차 타니까 신나?

◎ **Are you excited to ...** '~해서 신나?' 하는 질문입니다. excited 대신 다른 감정어휘를 넣어서도
활용해 볼까요?
- 할머니 만나서 기뻐? (*happy, see Granny*)

◎ 자가용이나 택시처럼 밀폐된 작은 교통수단에 타는 것은 **get in**, 버스, 기차 등 더 큰 대중교통에
타는 것은 **get on**, 이러한 교통수단에서 내리는 것은 **get off**라고 합니다.

D+79

Let's get you into your car seat. You should buckle up.

카시트에 앉자. 벨트 매야 해.

◎ **get you into ...** '너를 ~로 데려가다'라는 의미입니다. **car seat** (카시트), **stroller** (유모차), **crib** (아기침대), **high chair** (아기 식탁 의자) 등과 함께 사용할 수 있어요. 또는 *Let's get you into your pajamas.* (잠옷 입자)와 같이 옷을 입는 상황에도 사용할 수 있습니다.

◎ **buckle**은 안전벨트의 잠금장치를 뜻하지만, **buckle up**은 '안전벨트를 매다'는 의미로 쓰일 수 있습니다.

D+282

The sun is so strong today. Let's pull down the canopy.

오늘 햇빛이 엄청 강하네. 차양막 치자.

◎ 햇빛이 너무 강함을 표현하는 말로 *The sun is strong* 이외에도 *It's very sunny* 또는 *The sunlight is harsh* 등이 있습니다. 여기에서 harsh는 '혹독한', '매우 강한' 등의 의미가 있습니다.

◎ **canopy**는 차양막, 가림막 등을 의미하는데, 여기서는 유모차의 위쪽에 붙어있는 부속품을 말합니다. **shade** 또는 **cover**라고 말할 수도 있습니다. 보통 끌어당겨 펼칠 수 있게 되어 있어 **pull down**이라는 동사를 쓰고, **lower** 나 **bring down**을 사용해 말할 수도 있습니다.

D+80

Let's practice sitting up today.

오늘은 앉기 연습 해 보자.

◎ **Let's practice ...** '~을 연습하자'는 의미로, 뒤에 명사가 올 수도 있고 동명사(...ing)가 올 수도 있습니다. 비슷한 의미로 **Let's work on ...**을 사용할 수도 있어요.
  (ex. *Let's work on sitting up today.* 오늘은 앉기 연습 하자.)

◎ 본문에서 sit down이 아닌 sit up이 사용된 이유는, **sit down**은 서 있는 상태에서 자세를 낮추어 앉는 것을 함의하는 반면, **sit up**은 앉되 위쪽 방향으로의 자세 변화를 함의하기 때문입니다.

D+281

He's driving a car. Vroom, vroom. Let's pretend to drive a car.

얘가 차 운전하네. 부릉 부릉. 우리도 운전하는 흉내 내 보자.

⚬ **He/She's ...ing** (이 사람 ~하고 있네)라는 표현을 사용해 그림책 속의 인물이 하는 행동을 묘사해 주세요.

⚬ **vroom**은 우리말에 '부릉'에 해당하며, 자동차가 달리며 내는 소리를 표현하는 단어입니다.

⚬ **Let's pretend to ...** '우리 ~하는 흉내 내보자'라는 의미입니다.
(ex. *Let's pretend to be a cat.* 우리 고양이 흉내 내보자.)

D+81

You're sucking on your fist!
Does it taste good?

주먹 빨고 있네! 맛있어?

◎ 아이들이 자신의 주먹을 빠는 모습을 두고 '주먹고기 먹다'는 표현이 있지요? 영어에는 그런 비유적 표현은 없지만, 이같은 동작을 **suck on fist** 라고 합니다. **suck**은 '빨다' 라는 뜻인데, **on**이 붙어서 아이가 입을 계속 대고 있는 상태의 느낌을 줍니다.
(ex. *The baby's sucking on a pacifier.* 아기는 공갈젖꼭지를 빨고 있어.)

◎ '맛있다'는 의미의 가장 흔한 표현은 **It tastes good** 또는 **It's yummy**이예요. **delicious**의 경우는 상대가 만든 음식을 칭찬하거나 아주 강한 감탄의 느낌을 더 준답니다.

D+280

Mommy needs to grab a cup of coffee.

엄마 커피 한 잔 후딱 해야겠다.

◈ **grab**은 '잡다', '움켜쥐다'라는 뜻이지만, '재빨리 얻다' 또는 '빠르게 구하다'의 의미도 있습니다. 테이블에 앉아 여유롭게 커피를 마시는 모습이 아니라, 생존(?)을 위해 재빨리 한 잔 마시는 느낌이예요. 꼭 커피가 아니더라도 다양한 상황에서 쓰일 수 있답니다.

  - *I'm going to grab some lunch.* (점심 빨리 먹고 올게.)
  - *Let me grab a shower before dinner.* (저녁 먹기 전에 빨리 샤워 하고 올게.)

D+82

That's it!
Reach out and hit the toy!

그거야! 손 뻗어서 인형(장난감)을 쳐 봐!

◈ **That's it!** 직역하면 '바로 그거야!'로, 아이가 하고 있는 일을 격려하는 또 다른 표현입니다.

◈ '손을 뻗다'는 **reach out**으로 표현하는데, 뒤에 오는 전치사에 따라 의미가 미세하게 다릅니다.
  - **reach out for ...** '~을 잡기 위해 손을 뻗다' (ex. *Reach out for the bottle!*)
  - **reach out to ...** '~로 손을 뻗다' (ex. *Reach out to the box!*)
  (reach out to 뒤에 사람이 올 경우에는, '~에게 도움을 요청하다, 연락하다'라는 뜻도 있어요.)

D+279

Arms up! I'm pulling the T-shirt over your head!

팔 들어! 머리로 티셔츠 쭉 끌어올린다!

◎ **Arms up!**이라는 문장에는 동사가 없지만, 아주 짧고 간단 명료하게 아이에게 지시할 수 있는 표현입니다. D+231에 소개되었던 **Hands off!** (손 떼!)와 같은 구조이지요.

◎ 두 번째 문장은 티셔츠를 벗기는 동작을 구체적으로 묘사한 표현입니다. **over your head**라는 티셔츠가 머리를 통과함을 나타냅니다. 위/아래 방향성을 띠지 않기 때문에, **pull the T-shirt over head**라는 말은 티셔츠를 입는 동작을 묘사할 때 사용할 수도 있답니다.

D+83

Let me bring a clean burp cloth.

깨끗한 손수건 하나 가져올게.

○ 손수건은 보통 **handkerchief**로 번역하는 경우가 많은데, 아기에게 사용하는 손수건은 **burp cloth**라는 단어가 더 자주 쓰입니다. 이는 직역하면 '트림 천'인데, 아기에게 트림을 시킬 때 어깨에 올려 두거나, 아기 입 주변의 침이나 이물질을 닦아내는 용도로 주로 사용됩니다. 참고로, 영국 영어에서는 burp cloth를 **muslin**이라고 합니다.

D+278

Put the ring onto the pole.

링을 기둥에 끼워.

○ 이 시기 아이들에게 많이 제공하는 놀잇감 중 링쌓기가 있지요. 이것은 영어로 **stacking rings (toy)** 또는 **ring stacker**라고 합니다.

○ 이 놀잇감에서 기둥은 pole, 링은 ring 또는 hoop라고 합니다. 링을 기둥에 끼우는 동작을 묘사할 때는 put (놓다), stack (쌓다), slide (쭉 미끄러뜨리다) 등의 동사를 사용할 수 있어요.

D+84

This is called a teether.
You can chew on it.

이건 치발기라고 해. 물어 봐.

◎ **teether**는 치발기(이앓이 해소용 장난감)를 가리킵니다. **teeth**(치아)와 철자가 비슷한 **teethe**는 '치아가 나다' 또는 '이앓이 해소를 위해 무엇인가를 씹다'라는 의미가 있어요. 그래서 이앓이를 하는 아이에게 '너 이가 나고 있구나!' 라는 의미로 **You're teething!** 이라고 말할 수 있습니다.

◎ '물어 봐'라는 제안 또는 명령을 그냥 *Chew on it.* 이라고 직접적으로 표현하기보다는, **can**을 사용해서 *You can chew on it.*과 같이 간접적으로 표현하면 더욱 부드러운 느낌을 줍니다.

D+277

How about trying some noodles today? This is cabbage cut into strips.

오늘은 국수 먹어볼까? 이건 잘게 채 썬 배추야.

◇ **cabbage**는 일반적인 양배추를 뜻하고, 한국식 배추의 정확한 명칭을 알려주고 싶다면 **Napa cabbage** 또는 **Chinese cabbage**라고 하면 됩니다.

◇ **cut into strips** (가느다란 조각으로 썰린)이 뒤에서 cabbage의 상태를 설명해줍니다. 보다 전문적인 요리 용어로는 **julienned**라고도 합니다 (ex. *julienned cabbage*)

D+85

Can you drink a little more?
You're nearly finished.

조금 더 마실 수 있겠어? 거의 다 마셨어.

◈ 우리말에서는 일상적으로 우유를 '먹다'라고 표현하지만, 영어에서는 **drink** 또는 **have**를 주로 사용합니다.

◈ 우유를 거의 다 먹었다고 얘기할 때, 다음과 같은 표현도 쓸 수 있어요.
  - *You're almost done with it.* (너 거의 다 먹었어.)
  - *There's just a little left.* (아주 조금 남았어.)

D+276

Give me a high five!

하이파이브 하자!

◎ 이 표현은 **Give me five** (손바닥을 펼쳐 보여줘, 손바닥 마주치자) 라는 표현에서 유래했는데, 여기에서 **five**는 손바닥을 펼쳤을 때 보이는 다섯 손가락을 나타냅니다. 여기에 **high**가 더해져 손을 높이 들어 위쪽에서 손바닥을 맞부딪히는 동작을 표현하게 되었습니다.

◎ **High five** 후에 연이어 **low five**를 제안해서 유머러스한 상황을 만들어 보는 것은 어떨까요?

D+86

See the lights blinking?
Blink, blink!

불빛 깜빡이는 거 보여? 깜빡 깜빡!

◎ 영어에는 불빛과 관련된 다양한 동사가 있습니다. 동사별 쓰임의 차이를 살펴볼까요?
 - **blink** (불빛이 일정하게 켜졌다 꺼지는 동작) *The toy's light was **blink**ing.*
 - **twinkle** (작은 불빛이 은은하고 예쁘게 반짝이는 동작) *The stars **twinkle**d in the sky.*
 - **glow** (지속적으로 은은하게 빛나는 동작) *The fireflies **glow**ed in the dark. (*firefly 반딧불이)*

D+275

Oh, she gave you some money.
You should bow and say thank you.

어머, 할머니가 돈 주셨네. 고개 숙여 인사 해야지.

◎ 누군가에게 무엇인가를 주는 give류의 동사는 두 가지 방식으로 사용 가능합니다.
  - *She gave you some money.*
  - *She gave some money to you.*

◎ 영미권에서는 감사를 표현하는 방식으로 **bow** (고개 숙여 존중을 표현하다)가 일반적이지는
  않지만, **bow and say thank you** 정도면 한국의 문화가 반영된 적절한 표현입니다.

D+87

Let's take a stroll in the stroller.

유모차 타고 산책 가자.

◎ 앞서 '산책가다'는 **go for a walk**라고 소개되었는데, **take a stroll** 도 자주 사용되는 표현입니다. **stroll**은 한가로이 거닐거나 산책하는 모습을 나타내며, '유모차'를 뜻하는 **stroller**도 여기에서 파생된 단어입니다. **go for a stroll** 혹은 **have a stroll**이라고 쓸 수도 있어요.

◎ 유모차는 지역에 따라 다르게 불리는데, stroller는 주로 미국이나 캐나다에서 많이 사용되며, 영국에서는 **buggy** 또는 **pushchair**라고 부릅니다.

D+274

It's freezing outside.
We should put you in the footmuff.

밖에 엄청 추워. 풋머프 해야겠다.

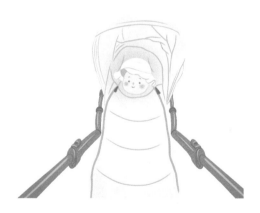

○ **freeze**는 '얼다/얼리다'라는 뜻으로, 매우 추운 날씨를 **It's freezing**과 같이 표현합니다.

○ 추운 날씨에 아이를 따뜻하게 감싸도록 디자인된 주머니 형태의 유모차 부속품을 **footmuff** 라고
하며, 미국에서는 주로 **bunting bag**이라는 단어를 사용합니다. 이는 엄밀하게 아이가 '입는'
것이 아니라 아이가 '들어가는' 것이기 때문에, *put you in the footmuff* 또는 *tuck you into
the bunting bag*과 같이 표현합니다.

D+88

Let's scrub-a-dub-dub and get you all clean.

쓱싹 쓱싹 깨끗하게 씻자.

- **scrub**은 깨끗이 하기 위해 힘을 주어 문지르는 동작을 나타내는데, **scrub-a-dub-dub**은 목욕 시간을 재미있게 나타내기 위한 표현입니다. 또 다른 문지르는 동작으로는 **rub**이 있는데, 이는 부드럽고 가벼운 문지름을 나타내며 **rub-a-dub-dub**이라는 표현도 있습니다.

- 목욕 시간과 관련된 추가 표현으로, **splish splash** (첨벙 첨벙!) 하고 물이 튀는 소리를 나타내는 의성어도 있습니다.

D+273

You've been pulling out tissues again!

또 티슈 뽑고 있었구나!

○ 티슈를 뽑는 행위는 **pull out** 으로 표현합니다. 본문에서는 엄마가 아이를 발견한 현재까지도 아이가 계속 장난을 치고 있었기 때문에 현재완료진행 (*have been pulling out*)으로 표현했습니다.

○ 영어에서는 휴지의 용도에 따라 명칭을 명확하게 구분하는데, 화장실용 두루마리 휴지는 **toilet paper**, 갑티슈는 **tissue (tissue box)**, 물티슈는 **wet wipes** 라고 합니다. 미국의 일상 영어에서는 갑티슈를 말할 때 특정 회사의 브랜드명인 **Kleenex**라고 칭하는 경우도 매우 흔합니다.

D+89

How about a selfie
with mommy? Cheese!

같이 셀카 찍을까? 치즈!

◎ *How about a selfie? How about a coffee?*와 같이 **How about + 명사**만으로도 '찍을까?', '마실까?'의 의미가 충분히 전달됩니다.

◎ 우리말로 '셀카'는 영어로는 **selfie**라고 하는데, **self**(스스로)에 **-ie**가 붙은 형태입니다. 이는 호주에서 시작된 단어로, 호주 영어에서는 사람이나 사물의 이름을 귀엽거나 친근하게 부르기 위해 여러 단어에 **-ie**를 붙이는 경향이 있습니다.
(ex. *barbecue - barbie* 바베큐, *breakfast - brekkie* 아침 식사, *Australian - Aussie* 호주인)

D+272

This baby seems to be sleepy.

이 아기는 졸린 것 같아.

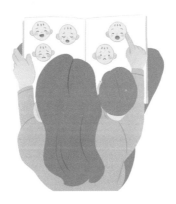

○ **seem to be ...** 어떤 대상이 '~해 보인다'는 표현입니다. be 뒤에는 형용사나 -ing/-ed 형태의 분사, 또는 명사가 오는데, 형용사나 ed분사의 경우에는 to be를 생략하는 경우가 많습니다.
- *This puppy seems (to be) hungry.* (이 강아지가 배고파 보이네; 형용사)
- *He seems (to be) scared.* (이 남자 아이가 무서워하는 것 같아; -ed분사)
- *The ice cream seems to be melting.* (아이스크림이 녹고있는 것 같아; -ing분사)
- *She seems to be a good student.* (이 여자 아이는 착한 학생 같아; 명사)

D+90

I know this is scary.
We'll cuddle right after this.

엄마도 알아, 무섭지. 이거 끝나고 바로 꼭 안아줄게.

◎ 우리말의 '무섭다'는 앞에 그 감정을 느끼는 사람이 올 수도 있고 (ex. 나 무서워), 무서운 느낌을 주는 사물이나 동물이 올 수도 있지요 (ex. 이 개 무서워). 영어의 **scary**는 무서운 느낌을 주는 대상만이 주어로 옵니다. (ex. *This dog is scary.* 이 개 무서워.) 만약 무서운 감정을 느끼는 사람이 주어로 올 땐, scary가 아니라 **scared**로 표현해야 합니다 (ex. *I'm scared.* 나 무서워.)

D+271

Let's hurry.
We don't want to be late.

서두르자. 늦으면 안 돼.

○ '서두르자'라는 말로 **Hurry up!**만 떠오르지는 않나요? **hurry** 자체가 '서두르다'라는 의미이기 때문에 **Let's hurry** 또는 **We need to hurry** 등의 문장도 많이 쓰이고, 뒤에 up이 붙으면 강조의 의미가 더해집니다.

○ **don't want to ...**는 직역하면 '~하고 싶지 않다' 이지만, 일상에서 '~하면 안 된다'는 의미로도 많이 사용됩니다. (ex. *We don't want to miss the bus*. 버스 놓치면 안 돼).

D+91

You've got so many mosquito bites.

모기에 엄청 물렸네.

❉ 다음 문장들 중, 어느 것이 가장 자연스럽게 느껴지시나요?

(1) 모기가 너를 많이 물었네   *It looks like the mosquitoes bit you much.*

(2) 너 모기에 많이 물렸네   *I see you were bitten by mosquitoes quite a bit.*

(3) 너 모기물린 자국이 많네   **You've got so many mosquito bites.**

셋 다 가능한 문장이지만, 영어에서는 (3)의 형태가 일상 대화에서 가장 흔하게 쓰입니다.

보다 더 캐주얼하게는, *You got eaten up!* (너 완전 먹혀버렸구나!) 라고도 합니다.

D+270

Will you stop sucking your finger?

손가락 좀 그만 빨까?

○ **Will you stop ...ing?** '~ 좀 그만 할래?'라고 이야기할 때 흔히 사용되는 문형입니다.
말투나 어조에 따라 다소 신경질적인 말투로 느껴질 수도 있으니, 상황에 알맞게 사용하세요.

○ 보다 단순하고 직접적으로 표현한다면 *No finger sucking!* (손가락 빠는 거 안 돼!),
좀 더 부드럽게 표현한다면 *Let's not suck your finger, okay?* (손가락 빨지 말자, 알겠지?)라고
말할 수 있습니다.

D+92

Please try to sleep through the night.

제발 통잠 좀 자 보자.

○ 아기가 밤부터 아침까지 깨지 않고 쭉 자는 것을 우리말로 '통잠자다'라고 표현하는데, 이를 영어로는 **sleep through the night** 라고 합니다. **sleep all the way till morning** (아침까지 쭉 자다)라고 표현할 수도 있어요.

○ **Let's try to** '~해 보자 / ~를 시도해보자'로, 아이에게 무엇인가를 하라고 할 때 덜 강압적으로 느껴지도록 제안하는 표현입니다.

D+269

We're playing hide-and-seek. Can you find me?

우리 숨바꼭질 하는 거야. 엄마 찾을 수 있니?

◎ 기어다니기 시작한 아이의 경우, 엄마가 코너 등에 숨어 아이가 찾아올 수 있도록 유도하는 놀이가 가능하지요. **hide-and-seek**은 직역하면 '숨기-찾기'로, 우리나라의 숨바꼭질에 해당합니다.

◎ 그 밖에 아이들이 더 성장하여 할 만한 놀이들의 이름을 소개합니다.
  - 술래잡기 *tag game*   - 무궁화 꽃이 피었습니다 *statues* 또는 *red light, green light*
  - 사방치기 *hopscotch*   - 줄넘기 *jump rope*

D+93

Where's your belly button?
Here it is!

우리 아기 배꼽이 어디 있나? 여기 있지!

○ 배꼽은 영어로 **belly button** 이라고 하고, **tummy button**이라고 하기도 합니다.

○ **Here it is!** '여기 있다!'는 일상에서 굉장히 자주 쓰이는 표현인 만큼, 그 대상과 위치에 따른 변형 문장들이 모두 입에 붙도록 연습해 보세요.

　- *Here it is.* (그것이) 여기 있네. / *There it is.* (그것이) 저기 있네.
　- *Here she is.* (그녀가) 여기 있네. / *There she is.* (그녀가) 저기 있네.

다만 **Here you are**는 물건을 건네주면서 '여기 있어요'하는 의미로 더 자주 쓰입니다.

D+268

Let's spread out the mat here.

여기에 돗자리 깔자.

- 우리말의 돗자리는 한국 문화에 특화된 물건으로, 정확히 대응되는 영단어는 없지만 **mat**라는 표현이 가장 유사합니다. 소풍 가서 잔디 위에 사용할 때는 **picnic mat**, 해변에서 사용할 때는 **beach mat**, 캠핑용으로 사용할 때는 **ground mat**와 같이 세분화된 단어를 사용하기도 합니다.

- '돗자리를 깔다'는 표현은 **spread out** (펼치는 동작 강조) 외에도, **set up** (세팅하는 느낌), **put down** (일반적으로 놓는 느낌) 등이 모두 가능합니다.

D+94

Don't feel like having milk?

우유 마실 기분이 아니야?

- **feel like ...** '~할 기분이다'라는 의미로, 뒤에 명사 또는 동명사 (...ing)가 옵니다.
  - *Do you feel like some snacks?* (간식 먹고 싶어?)
  - *Do you feel like dancing?* (춤 추고 싶어?)

  반대로, '~할 기분이 아니다'라고 표현할 땐 부정문으로 표현하면 됩니다.

- 예문의 원래 문장은 *You don't feel like having milk?* 으로, 평서문의 끝을 올려 의문문처럼 질문하면서 주어인 you를 생략한 형태입니다.

D+267

Can you pick up the pop rice with your thumb and index finger?

엄지 검지로 튀밥 집을 수 있어?

○ 옥수수를 튀긴 팝콘 (popcorn)처럼, 쌀알을 튀겨 만든 우리나라 고유의 간식 튀밥은 **pop rice** 라고 표현 할 수 있습니다. 다만 팝콘만큼 일반화된 단어는 아니기 때문에, **popped rice**라고 표현 하는 것이 더 이해하기 쉬울 수도 있어요.

○ 엄지손가락은 다른 손가락들과 구조가 다르게 생겼다는 이유로, 영어에서는 엄지를 finger라고 하지 않고 **thumb**이라고 합니다. 아래는 나머지 네 손가락의 영어 표현입니다.

검지 - *index finger* 중지 - *middle finger* 약지 - *ring finger* 소지 - *little finger / pinky*

D+95

Your hands are so interesting, aren't they?

손이 정말 흥미롭지, 그치?

○ **aren't they?** 바로 앞 문장의 사실 여부를 물으며 상대의 동의를 구하는 표현입니다. 앞 문장의
동사에 따라 동사의 종류를 정하고, 앞 문장이 긍정문이면 부정으로, 부정문이면 긍정으로 바꾸어
질문하면 됩니다.

- *This **is** yummy, **isn't** it?* (이거 맛있다, 그치?)
- *You **like** this song, **don't** you?* (너 이 노래 좋아하는구나, 그치?)
- *She **doesn't** want to eat, **does** she?* (걔 안 먹고 싶은 것 같아. 아닌가?)

D+266

The ball is rolling to you!

공이 네 쪽으로 굴러간다!

○ 우리말의 '굴러가다'는 구르다(roll)+가다(go)가 합성된 단어인데, '공이 굴러간다'를 영어로 말할 때 둘 중 어느 동사를 선택해서 표현해야 할까요? 이 경우 roll을 사용해 *The ball is rolling.*과 같이 표현합니다. 영어에서는 대상이 **움직이는 방향**보다는 **움직이는 방법**을 훨씬 더 중요시한다는 연구 결과가 많이 있거든요.

D+96

Did the car horn surprise you?

차 경적 소리에 깜짝 놀랐어?

◎ 우리가 흔히 차량 경적을 '크락션'이라고들 하는데, 이는 경적을 만드는 회사 이름 'Klaxon'에서 온 말로 실제 영어 단어는 아닙니다. 차량용 경적은 **car horn**이라고 하며, '경적을 울리다'라는 동사로는 honk 또는 beep을 사용합니다.
  - **honk** (길고 큰 소리) *The driver honked the horn.* (운전자가 경적을 울렸다.)
  - **beep** (짧고 가벼운 소리) *The car beeped twice.* (차가 두 번 빵빵거렸다.)

◎ **surprise**는 '~를 놀라게 하다'라는 동사로 쓰였습니다.
  (ex. *You surpirsed me!* 네가 나를 놀라게 했잖아! = 너 때문에 놀랐잖아!)

D+265

Shall we go with a food pouch since we're out today?

오늘은 외출 중이니까 파우치형 이유식으로 할까?

◦ 밀봉된 파우치에 담아진 채로 판매되는 실온 이유식은 **(baby) food pouch**라고 합니다.

◦ **go with**는 특정 선택이나 결정을 내리는 상황에서 '~로 하다'는 의미가 있습니다.
  (ex. *I'll go with the yellow T-shirt*. 나는 노란 티셔츠로 할게.)

◦ **since** '~니까 / ~이므로'의 의미로, 뒤에 주어+동사를 포함한 온전한 문장이 옵니다.
  (ex. *Let's go inside since it's getting cold*. 추워지니까 안으로 들어가자.)

D+97

Look, it's raining outside.

봐, 밖에 비 온다.

○ 집에서 창 밖으로 보이는 날씨에 대해 이야기해 주세요. 비의 양과 정도에 따라 사용할 수 있는 다양한 표현을 소개해드릴게요.

- **drizzle** (가랑비/보슬비가 가볍게 내리다): *It's drizzling outside.*
- **pour** (비가 마구 쏟아지다): *It's pouring outside.*
- **shower** (소나기): *We're having a shower.*
- **light/heavy rain** (약한/강한 비): *It's raining lightly/heavily.*

D+264

I love when you smile.

엄만 네가 웃을 때 너무 좋아.

○ **I love when ...** '나는 ~일 때 너무 좋아' 라는 의미입니다. 추가 예문으로 연습해 보세요.
  - *I love when we spend time together.* (우리가 함께 시간을 보낼 때가 정말 좋아.)
  - *I love when you make that face.* (네가 그 표정 지을 때 정말 좋아.)

○ 또는 **I love that ...** '나는 ~라는 사실이 너무 좋아'라고 쓸 수도 있습니다.
  - *I love that we can be together like this.* (우리가 이렇게 같이 있을 수 있다는 게 너무 좋아.)

D+98

It'll play songs
if you press this button.

이 버튼 누르면 노래들이 나올 거야.

○ 우리말에서는 '노래'를 주어로 하여 '노래가 나오다'로 표현하지만, 영어에서는 '장난감'이 주어가
되어, '장난감이 노래를 재생하다'와 같이 표현합니다.

○ **if you ...** '네가 ~한다면'에 해당하는 부분은 문장의 앞 또는 뒤 모두에 올 수 있습니다.
  - *The light will turn on if you press this button.* (이 버튼 누르면 불이 켜질 거야.)
  - *If you pull the string, the toy will dance.* (이 줄 당기면 장난감이 춤을 출 거야.)

D+263

Guess who's here!
It's Eunseo and Yuha.

누가 왔게? 은서 언니랑 유하 언니야.

○ **Guess ...** '~를 맞혀 봐' 라는 의미예요. 아이의 호기심을 자극하고 기대감을 높일 수 있는 표현입니다. 의문사가 이끄는 구절 (*who's here* 누가 왔는지; *what's inside* 안에 무엇이 있는지; *where we're going* 우리가 어디에 가는지) 등이 뒤에 올 수 있어요.

○ 때로는 **Guess who?** (누구게?), **Guess what?** (뭔지 알아?) 처럼 의문사만 올 수도 있는데, 특히 Guess what?은 흥미롭거나 관심을 끌만한 소식을 전하기 전에 자주 사용됩니다.

D+99

You're sitting so well in your floor seat now!

범보의자에 이제 정말 잘 앉아 있네!

○ 아기용 바닥 의자는 우리나라에서 흔히 '범보의자'로 알려져 있지만, 사실 *Bumbo*는 브랜드 이름입니다. 영어에서는 이러한 형태의 의자를 **baby floor seat** 또는 **floor seat**라고 하는데, 이런 의자류는 아기를 감싸는 구조로 되어 있기 때문에 **sit *in* your floor seat** 이라고 표현하는 것이 적절합니다.

D+262

Let's go for a grocery shopping.

장 보러 가자.

○ **grocery shopping**은 식료품이나 가정용 잡화 등을 사러 가는 것으로, 우리말의 '장 보기'와 유사한 개념입니다.

○ 장 보기 목적지로 **grocery store**는 동네의 슈퍼마켓 느낌인데, 최근에는 우리 나라의 대형 마트에 해당하는 **supermarket**으로 주로 대체되어 사용 빈도가 줄고 있습니다. 반면 **mart**라는 단어는 주로 Walmart, Kmart, Lotte Mart와 같이 상호명에 붙여 사용됩니다.

D+100

My precious,
you've brought us 100 days of joy!

소중한 아가야, 네가 우리에게 100일의 기쁨을 가져다 줬어.

○ **My precious** '나의 소중한 보물'이라는 의미로, 애정어린 말로 아이를 부르고 싶을 때 사용할 수 있는 표현입니다. 한 때, 영화 '반지의 제왕'에서 등장 인물 중 한 명인 '골룸(Gollum)'이 절대 반지를 바라보며 한 대사로 유명했지요.

○ **bring us ...** '우리에게 ~를 가져다 주다'에 해당합니다. 아이가 가져다 준 기쁨이 현재 이 순간에도 계속됨을 표현하기 위해 현재완료 (*have brought*)로 쓰였습니다.

D+261

Wanna sit in the basket?
I'll pull you along.

바구니 안에 들어가 앉을래? 엄마가 끌어 줄게.

○ **Wanna**는 **do you want to** (~하고 싶니?)의 줄임말로, 일상적이고 친근한 사이에 사용하는 표현이므로 공식적인 상황에서는 사용하지 않습니다. (ex. *Wanna play?* 놀고 싶어?)

○ **pull you along** 아이를 끌어준다는 의미로, 반대로 밀어 줄 때에는 **push you along** 이라고 표현할 수 있습니다. 여기에서 **along**은 동작이 지속적으로 이루어지는 느낌을 더해줍니다. 하지만 일반적으로 along은 뒤에 명사가 와서 '~을 따라서 쭉'이라는 의미를 갖습니다. (ex. *walk along the beach* 해변을 따라서 쭉 걷다)

D+101

We're having your 100-day party today.
Everyone is coming to see you!

우리 오늘 네 백일 파티 할거야. 모두가 널 보러 올 거란다!

○ 현재 당장 하고 있는 일은 아니지만, **곧 있을 확정된 미래의 일**은 현재진행형 (**be+ing**)으로 표현할 수 있습니다. 본문에서는 *We're having*과 *Everyone is coming*이 여기에 해당합니다.

○ **have a party** '파티를 하다'에 해당하는 단어로, 일상적인 소규모 모임에도 사용할 수 있습니다. 반면에 큰 규모의 파티나 특별한 이벤트를 열 때에는 **throw a party**라는 표현이 좀 더 어울립니다.

D+260

Haha, look at your face!
Are you proud?

하하, 표정봐! 뿌듯해?

'뿌듯하다'는 성취감, 만족감, 자부심 등이 복합된 한국어 특유의 표현으로, 영어에 정확하게 대응하는 단어는 없습니다. 하지만 스스로에 대한 자랑스러움을 표현할 때에는 **proud**를 사용하는 것이 가장 적합합니다.

만약 일의 결과에 대해 뿌듯함을 느낄 때에는 **satisfied** (만족스러운) 또는 **content** (만족스럽고 행복한), 타인을 도와 뿌듯할 때에는 **fulfilled** (성취감을 느끼는)을 사용해 말할 수 있습니다.

D+102

Let's put your left leg into this hole.

네 왼쪽 다리 이쪽 구멍에 넣자.

○ 본문에 사용된 put(넣다) 대신 get을 사용해, **get your leg through this hole** (다리를 이 쪽 구멍으로 통과시키자)와 같이 말할 수도 있습니다. hole 대신에 **opening**을 사용할 수도 있고요. (ex. *Let's put your left leg into this opening.*)

○ 미국에서는 잘 알려진 동요 '호키포키'의 멜로디에 맞추어 *'put your left leg in, put your right leg in'* 과 같이 노래로 불러주는 부모들도 많다고 합니다.

D+259

Cherry blossom petals are falling.

벚꽃잎들이 떨어지고 있어.

○ 벚꽃은 **cheery blossom**, 꽃잎은 **petal**이라고 합니다. petal은 /페틀/과 가깝게 발음합니다.

○ 벚꽃놀이와 관련된 표현들을 더 소개해 드릴게요.
- *The cheery trees are in full bloom.* (벚나무에 꽃이 활짝 피었어.)
- *It's raining cherry blossoms.* (벚꽃비가 내리고 있네.)
- *Cherry blossoms are flying in the air.* (벚꽃이 공중에 날리고 있어.)

D+103

I'm lifting you up and then back down again!

엄마가 너를 들어올렸다가, 다시 내려온다!

○ 아이의 몸통을 손에 잡고 위로 들어 올렸다가 아래로 내리는 놀이를 하며 사용할 수 있는 표현입니다.

○ 이 문장의 구조는 **'lift you up (너를 들어올리다)'**과 **'(lower you) back down again (너를 다시 아래로 내리다)'**가 연결된 형태로, 뒷부분의 동사가 생략되었지만 문장의 의미가 충분히 전달됩니다. 실제 대화에서는 이처럼 간결한 표현이 자주 사용된답니다.

D+258

Do you want to watch Mommy put on makeup?

엄마 화장하는 거 보고 싶어?

○ **watch somebody ...** '누군가가 ~하는 것을 보다'는 문형은 앞서도 여러 번 연습했습니다.
  - *watch Mommy shake the bottle* (엄마가 젖병 흔드는 것을 보다)
  - *watch your sister brush her teeth* (누나/언니가 이 닦는 것을 보다)

○ '화장을 하다'는 **put on makeup** 이라고 표현합니다. 다만 **makeup**은 색조화장에 해당하고, 기초화장은 **skincare**, 또는 좀 더 일상적으로 **put on face lotion/cream** 등으로 표현합니다.

D+104

I wish you would sleep well while Mommy eats.

엄마 밥 먹는 동안은 푹 자줬으면 좋겠구나.

- **I wish you would ...** '나는 네가 ~했으면 좋겠구나' 라는 의미로, 아이가 엄마의 바람과 반대로 행동하고 있거나, 또는 엄마가 바라는 행동을 아직 하지 않았을 때 아쉬움이 함께 드러나는 표현입니다.

- **while ...** '~하는 동안'의 의미입니다. '밥을 먹다'라는 표현을 위해 뒤에 목적어 없이 eat이라고만 해도 이해 가능하며, *have lunch / have dinner*와 같이 쓸 수도 있어요.

D+257

This is a fan.
You can't put your finger in it.

이건 선풍기야. 손가락 넣으면 안 돼.

○ **fan**은 '공기를 이동시켜 시원하게 만드는 장치'로, 부채와 선풍기를 모두 의미할 수 있습니다.
그 중 선풍기를 좀 더 명확하게 말하고자 할 때는 **electric fan** 이라고 합니다.

○ '~하면 안 돼'라고 할 때 **You can't** ...로 말할 수 있습니다. **can/can't**는 '~할 수 있다'는 **능력**
이외에도, **허락, 제안, 부탁, 가능성** 등을 나타내기도 하거든요.

- 허락: *You can go, but he can't.* (너는 가도 돼. 하지만 쟤는 안 돼.)

- 제안/부탁: *Can you press the button?* (버튼 눌러 볼래?/버튼 눌러 줄래?)

- 가능성: *Anyone can make mistakes.* (누구나 실수할 수도 있어.)

D+105

Let's check
how much weight you've gained!

몸무게 얼마나 늘었나 확인해 보자!

○ '몸무게 얼마나 늘었나'에 해당하는 부분은 **how much weight you've gained**입니다.
when[how/why/what...]+주어+동사의 간접의문문 구조를 충분히 많이 연습해 보세요.

○ **Let's check ...**

  - *when the train will depart* (언제 기차가 출발할지)

  - *why he cried* (그가 왜 울었는지)

  - *how much this is* (이 물건이 얼마인지)

D+256

This little piggy went to market.

이 아기 돼지는 시장에 갔어요.

아이의 다섯 발가락을 다섯 마리의 아기 돼지에 비유하여, 아이의 발가락을 만져주거나 간질이며 부를 수 있는 전통 동요 (**nursery rhymes; mother goose**) 중 하나의 첫 소절입니다. 노래의 전체 가사는 다음과 같습니다.

This little piggy went to market. 이 아기 돼지는 시장에 갔고요.
This little piggy stayed home. 이 아기 돼지는 집에 남았어요.
This little piggy had roast beef. 이 아기 돼지는 구운 소고기를 먹었고요.
This little piggy had none. 이 아기 돼지는 아무것도 먹지 않았어요.
And this little piggy cried wee wee wee all the way home. 그리고 이 아기 돼지는 집에 오는 길 내내 엉엉 울었답니다.

D+106

Is something bothering you?

뭐 불편하게 하는 거 있어?

○ **bother** '~를 신경쓰이게 하다', '~를 귀찮게 하다'는 의미로, 우리말과 사용 방식이 달라 쉽게 떠올리기 어려운 표현 중 하나입니다. 아기 입장에서는 모기나 두드러기, 옷의 제품 라벨 등이 아기를 거슬리게 할 수 있지요.

- *The mosquito has bothered me all night long.* (모기가 밤새 짜증나게 했어.)
- *Stop bothering me!* (그만 귀찮게 해!)

D+255

It's time for sensory play!
Try squeezing the seaweed.

촉감 놀이 시간이야! 미역을 꽉 쥐어 봐.

○ sensory (감각의)는 sense (감각)에서 파생된 단어로, **sensory play**는 원래 촉각, 시각, 청각, 후각 등 다양한 감각을 사용하는 놀이를 뜻하지만 일반적으로 촉감 놀이를 연상시킵니다.

○ **squeeze**는 어떤 대상을 손으로 꽉 짜거나, 액체를 짜내는 동작을 묘사하는 단어입니다. **seaweed**(미역)에서 **weed**는 잡초라는 뜻인데, 영미권에서는 미역을 요리에 사용하지 않기 때문에 의미없는 식물로 간주되어 '바다의 잡초'라고 불리는 것입니다.

D+107

There's a little doggie!
Woof woof!

저기 작은 강아지가 있네! 멍멍!

◎ 호주에서는 -ie를 붙여 대상을 귀엽게 부르는 경향이 특히 강하다고 앞서 언급되었지만, 어떤 단어들은 여러 영어권 지역에서 공통적으로 **-ie, -y** 등을 붙여 사용됩니다.
(ex. *dog - doggie, cat-kitty, rabbit-bunny, pig-piggy, mom-mommy, dad-daddy*)

◎ 강아지가 짖는 소리는 가장 일반적인 **woof** 외에도 **bark, yap** 등 다양한 단어로 표현되는데, 실제 소리의 특성에 따라 다르게 사용됩니다.

D+254

The rubber ducks are floating on the water.

고무오리들이 물 위에 떠 있지.

○ 목욕용 장난감 오리를 **rubber duck** 또는 좀 더 귀엽게 **rubber duckie**라고 합니다. **rubber**는 '고무'라는 뜻이지만, 고무 재질로 된 것이 아니라도 마찬가지로 부른답니다.

○ **float**는 물 위에 떠 있는 모습을 나타내는 단어입니다. 만약 물살을 일으켜 오리가 위아래로 부드럽게 흔들리는 모습을 보인다면, **bob** (까닥거리다)라는 단어를 사용해 표현할 수 있어요. (ex. *The ducks are bobbing up and down.* 오리들이 위아래로 흔들리고 있어요.)

D+108

Oh, you have a fever.
We need to cool you down.

이런, 열이 있구나. 열을 좀 식혀야겠어

◎ 열이 난다는 표현은 **have a fever** 또는 **be running a fever**라고 합니다. 영국에서는 **You have a high temperature** 또는 **Your temperature is high**와 같이 쓰기도 합니다. 열이 나서 컨디션이 저조할 때는 **be down with a fever**라고 표현할 수 있어요.

◎ **cool down**은 '열을 식히다'는 의미입니다.

D+253

Can you feel the cool breeze?

시원한 바람 느껴져?

바람은 일반적으로 **wind**라고 하지만, 살랑살랑 부는 기분 좋은 정도의 바람은 **breeze**라는 단어를 더 많이 사용합니다. 순간적으로 강하게 부는 강풍 또는 돌풍은 **gale**이라고 표현합니다.

- *There's a light breeze today.* (오늘 가벼운 바람이 불어).
- *Be careful, there's a strong wind blowing.* (조심해, 강한 바람이 불어.)
- *They say the gale blew down many trees.* (강풍이 나무들을 많이 쓰러뜨렸대.)

D+109

You can't reach the ball?
Should I get it for you?

공이 손에 안 닿아? 엄마가 가져다 줄까?

○ **reach** (~에 닿다) 대신 get을 사용해서 **You can't get to the ball?**로 사용할 수도 있습니다. 두 번째 문장에서도 get이 쓰였는데, '무엇인가를 얻다/갖다'는 의미이지만 **for you**를 함께 사용하여 '너에게 가져다 주다'는 의미가 됩니다.

○ **Should I ...**는 '내가 ~할까?'하고 제안하는 표현입니다. 다음 단어를 넣어 더 연습해 볼까요?
  - 내가 열어볼까? (*open it*)
  - 내가 대신 해 줄까? (*do it for you*)

D+252

How do you like the tofu?

두부가 입맛에 좀 어때?

○ **How do you like ... ?** 상대가 대상에 대해 어떻게 생각하는지 물어보는 표현입니다.
D+128의 문장 (*Let's see how you like the high chair.* 하이체어 어떤지 좀 보자.) 에서는
간접의문문으로 표현했다면, 이 문장은 직접적으로 물어보는 방식입니다.

   - *How do you like your new puree?* (새 퓨레는 어때?)
   - *How did you like the show?* (공연 어땠어?)

○ 두부는 영어로 **tofu**라고 합니다.

D+110

Your smile makes us so happy.

네 미소 덕에 엄마 아빠 정말 행복하다.

◌ **make somebody ...** '누군가를 ~하게 만들다' 라는 의미입니다. 뒤에는 사람이 느낄 수 있는 감정이나 상태 형용사, 또는 사람이 주어가 되는 동사 등이 올 수 있어요. 연습해봅시다.

- *You make us proud.* (너는 우리를 자랑스럽게 해.)
- *You made me excited!* (네 덕분에 신나!)
- *You make me want to be a better person.* (너는 내가 더 좋은 사람이 되고 싶게 해.)

D+251

Uh-oh. That's a no-no.

어, 그건 안 되는 거야.

○ **Uh-oh**는 실수를 했다거나 무엇인가 잘못된 상황에서 사용하는 표현입니다.

○ **no-no**는 '안 되는 일'이라는 의미로, 명사이므로 앞에 a 라는 관사와 함께 쓰였습니다. 활용될 수 있는 상황 예시들을 함께 볼까요?

  - *That's a no-no. Food stays on the table.* (그건 안 돼요. 음식은 테이블 위에 둬야 해요.)
  - *That's a no-no. We pet the dog gently.* (그건 안 돼요. 강아지는 부드럽게 쓰다듬어야지.)

D+111

It's a bit chilly.
Let's keep you warm with a blanket.

조금 춥네. 담요로 따뜻하게 하자.

○ 추운 기온과 관련된 다양한 어휘들을 소개하겠습니다.
   - **cold**: 가벼운 추위부터 심한 추위를 모두 아우르지만, 대개는 제법 낮은 온도를 의미
   - **cool**: 시원한, 서늘한. 일반적으로 쾌적한 정도의 시원함을 나타냄
   - **chilly**: 쌀쌀한. 약간 불편한 정도로 서늘한 날씨를 의미
   - **freezing**: 얼어붙을 정도로 추운, 매운 낮은 온도를 나타냄

D+250

You need to put on a smock bib so that the tray won't get messy.

식탁 더러워지지 않게 자기주도턱받이 하자.

○ 식사 시간에 입히는 가운 형태의 입는 턱받이를 영어로는 **smock bib** 또는 **feeding smock** 이라고 합니다. 제품에 따라 트레이 부분까지 모두 덮도록 제작된 형태도 있는데, 이는 **overall bib** 이라고 합니다.

○ **.. so that ...** '~하도록' 이라는 의미로, 두 개의 문장을 연결해주는 접속사 역할을 합니다.
(ex. *Let's turn off the light so that you can get some rest.* 네가 좀 쉴 수 있게 불 끄자.)

D+112

I love those soft and plump cheeks!
Chubby, chubby, chubby.

엄마는 그 부드러운 볼이 너무 좋아! 오동통통!

◎ 아이의 볼을 묘사할 때는 **soft** (부드러운), **plump** (포동포동한) 이라는 단어들이 어울립니다.
   또한 **chubby**는 통통하고 토실토실한 느낌을 살리기에 가장 적합한 단어랍니다.

◎ 이런 아이의 볼을 귀엽게 손으로 조물거리는 모습은 **pinch**를 사용할 수 있어요.
   (ex. *I just have to give them a little pinch!* 살짝 조물조물 해야겠어!)

D+249

Ta-da! Today's menu is rice porridge with cod and onions.

짜잔! 오늘 메뉴는 대구살과 양파 넣은 죽이야.

○ **Ta-da!**는 상대를 깜짝 놀래켜줄 때 하는 감탄사로, 우리말의 '짜잔!'과 비슷합니다.

○ 음식의 재료를 설명할 때에는 **with**와 **and**를 자주 사용하며 (ex. *rice porridge with cod and onioins*). 쌀죽은 **rice porridge**라고 하지만 아시아 스타일의 죽은 특히 **congee**라고도 합니다. 생선 종류인 대구는 **cod**라고 합니다. 너무 어렵다면 그냥 **fish**라고 소개해도 좋아요.

D+113

Here is a cow in the barn.
It says, "Moo-moo".

여기 외양간에 소가 있네. 소는 "음메~"하고 울어.

○ **Here is ~** '여기 ...가 있어'의 의미로, 아이에게 그림책을 읽어주며 책에 있는 그림을 묘사할 때 쓸 수 있는 가장 대표적인 표현입니다. **There is**로 써도 괜찮습니다.

○ 우리말로 동물 소리를 묘사할 땐 '~'라고 울다라고 표현하지만, 영어에서는 **say**나 **go**라는 단어를 주로 사용한답니다.

  - Cats **say** meow.   - Ducks **go** quack.   - Cows **go** moo.

D+248

I'll turn you around.
There are buttons on your back.

너를 반대쪽으로 돌릴게. 등에 단추가 있거든.

○ '돌다'에 해당하는 단어 중 **turn**은 방향을 바꾸는 것에 좀 더 초점이 맞추어지는 느낌입니다. *turn left* (왼쪽으로 돌다), *turn the doornob*(문손잡이를 돌리다) 등을 생각하면 감이 오시죠? 본문에서도 엄마 쪽을 보고 있던 아이를 반대 방향으로 돌리겠다는 의미입니다.

D+114

The path is a bit bumpy.
Are you okay?

길이 조금 울퉁불퉁하네. 괜찮아?

○ 영어에는 '길'을 나타내는 여러 단어가 있는데, 그 중 **road**는 차도나 주로 비교적 넓은 도로를 의미하고, 보행자가 다니는 길은 **sidewalk**라고 이야기합니다. **path**는 공원 등 일반적으로 포장되지 않은 길을 의미할 때 쓸 수 있습니다.

○ **bumpy**는 '울퉁불퉁한'이라는 뜻으로, **bump** (혹)에서 파생된 단어입니다. **uneven** (고르지 않은)이라는 단어를 사용할 수도 있어요.

D+247

Spin the wheel like that.
Now try the other way around.

돌림판을 그렇게 돌려. 이제 반대쪽으로 해 보자.

○ 우리말의 '돌다/돌리다'는 영어에서 **spin, turn, rotate** 등 다양하게 번역되는데, 그 중 spin은 축을 중심으로 제자리에서 빠르게 도는 동작을 묘사합니다. 팽이가 빙글빙글 돈다던지, 피겨 스케이팅 선수가 제자리에서 빠르게 빙글빙글 도는 동작을 생각하면 됩니다.

○ 영어에서는 회전 방향으로 **clockwise** (시계 방향) 또는 **counterclockwise** (반 시계 방향)라는 단어를 사용하는데, 어린 아이들에게는 **the other way** 정도로 표현하면 적절합니다.

D+115

You're not eating enough today. What's wrong?

오늘 충분히 안 먹네. 어디 안 좋아?

○ **not ... enough** 라는 표현은 무엇인가가 특정한 기준이나 기대에 미치지 못할 때 사용합니다. 아래 예문들과 그 숨은 의미들을 함께 볼까요?
- *This cloth is not big enough.* (이 옷이 충분히 크지 않네 - 좀 작네)
- *This room is not warm enough.* (이 방이 별로 안 따뜻하네 - 더 따뜻하게 만들어야겠다)

○ 만약 **enough**만 따로 쓸 경우, '(그만하면) 충분해, 됐어.'의 의미로, 아이에게 무엇인가를 그만 하라고 말할 때도 쓰인답니다.

D+246

We don't touch outlets.

콘센트 만지지 않아.

○ **We don't ...** '~하지 마'라고 금지하는 표현 중 하나입니다. 우리말의 '~하지 않아요'와 비슷한 느낌이지요.

○ 벽에 부착된 콘센트는 **outlet**, 전선은 **cord**, 전선 끝에 달린 플러그는 **plug**라고 합니다. 그리고 멀티탭은 **power strip** (미국) 또는 **multi plug** (영국) 이라고 합니다.
   - *Insert the plug into the outlet.* (콘센트에 플러그를 꽂으세요.)
   - *We can put multiple plugs into a power strip.* (멀티탭에는 플러그 여러 개 꽂을 수 있지.)

D+116

Watch that toy moving around!

저 장난감 돌아다니고 있는 것 좀 봐!

○ **Watch something ...ing** 무엇인가가 ~하고 있는 모습을 보라는 의미입니다.
Watch something 동사 원형으로 쓸 수도 있는데, ...ing쪽이 좀 더 지속적인 동작이 강조되는 느낌이예요.

예시로, "강아지 꼬리 흔드는 것 좀 봐"라고 할 때, 다음과 같습니다.
- *Watch that puppy wag its tail.* (그림책의 한 장면을 보고 있는 상황)
- *Watch that puppy wagging its tail.* (공원에서 꼬리를 흔들고 있는 강아지를 보고 있는 상황)

D+245

Your skin is a bit red here.

너 피부 여기가 좀 붉어 보여.

○ 다양한 피부 트러블 중, 가장 일반적인 '붉어짐'을 표현하기 위해서는 *Your skin is red* (피부가 붉다) 또는 *You have a redness* (붉은기가 있다) 를 쓸 수 있습니다.

○ 다른 피부 트러블 중 발진은 **rash**라고 하며, 물놀이 할 때 입는 래쉬가드 (**rash guard**) 또한 햇빛에 의한 발진을 막아준다는 의미입니다. 증상에 따라 좀 더 일상적인 말로 풀어볼까요?
  - *She has little bumps.* (오돌토돌한 게 났어요.)
  - *There's some irritation.* (피부가 자극이 좀 있어요.)

D+117

You need to wear your snowsuit.

너 우주복 입어야겠다.

○ 위아래가 연결되어 지퍼 혹은 단추로 앞섶을 잠그는 패딩 점퍼를 우리말로는 아기 우주복이라고 하지요. 이런 옷을 영어로는 **snowsuit**라고 합니다.

○ **wear**는 입고 있는 상태, **put on**은 입는 동작 의미한다고 앞서 언급된 적 있지요? 본문에서는 '우주복 입고 있어야겠다 (상태)'는 의미로 wear를 사용했지만, put on을 사용해서 '지금 우주복 입어야겠다 (동작)'로 말할 수도 있습니다.

D+244

Put your lips on the straw and take a sip.

빨대에 입을 대고 한 번 빨아 봐.

◎ 우리말로는 빨대에 '입'을 댄다고 생각하기 쉽지만, 영어에서는 빨대 사용과 관련된 표현에서는 거의 항상 **lips** (입술)을 사용합니다. 만약 *put your mouth on the straw* 라고 한다면 입을 크게 벌리고 빨대를 입 안 깊숙히 넣는 것 같은 인상을 줄 수 있어요.

◎ 만약 입술로 빨대를 좀 더 완전히 감싸라는 의미를 추가하고 싶다면, *close your lips around the straw*와 같이 쓸 수 있습니다.

D+118

Is the milk flow too much for you?

우유가 너무 많이 나와?

- 다소 복잡해 보이는 이 문장은 사실은 *Is it cold?*와 같은 아주 단순한 구조입니다.
  우유 흐름이 (**the milk flow**) 너에게 너무 과한지 (**too much for you**)를 묻는 문장이지요.

- 다음과 같은 다른 표현도 가능합니다.
  - *Is the milk coming out too fast?* (우유가 너무 빨리 나와?)
  - *Is the nipple hole too big for you?* (젖꼭지 구멍이 너무 커?)

D+243

Do you recognize your name now?

이제 네 이름 알겠어?

◎ 시기는 조금씩 다르지만, 아이들은 보통 이 시기쯤 되면 자신의 이름을 듣고 알아듣는 '호명반응'을 보이기 시작합니다.

◎ **recognize**는 이전에 경험한 것을 토대로 알거나 기억하는 것을 의미합니다. 우리말로는 '알아 보다', '알아듣다' 등이 해당되지요. 오랜만에 만나는 친척을 보고, *Do you recognize him/her?* (이 분 알겠어?) 하고 질문할 수 있습니다.

D+119

You're growing too fast.
Can you slow down, please?

너 정말 빨리 큰다. 좀 천천히 자랄 순 없을까?

◉ **too fast**와 **so fast** 둘 다 쓸 수 있지만, too fast를 사용하면 말하는 사람의 걱정이나 아쉬움이 좀 더 드러납니다. so fast로 말한다면 놀라움과 감탄의 느낌이 좀 더 강해지지요.

◉ '~해 줄래?' 라고 요청하는 말은 **can you** 외에도 **could you**를 사용할 수 있어요. 다만 후자는 '혹시' 하는 뉘앙스를 갖기 때문에, 좀 더 조심스럽고 공손한 느낌을 줍니다.

D+242

What's that sound?
I think someone's out there.

이게 무슨 소리지? 밖에 누가 있나 봐.

◈ **What's that sound?** '저게 무슨 소리지?' 하고 주변의 소리에 관심을 끌기 위한 가장 일반적인 질문입니다.

◈ **I think ...** '~인가 봐' 또는 '~인 것 같아'를 나타내는 다양한 방법 중 하나입니다. 아래 문장을 넣어 연습해 볼까요?
- 오빠가 자고 싶은가 봐 (*he wants to go to bed*)   - 아빠가 왔나 봐 (*your daddy's here*)

D+120

You're putting everything in your mouth! It's alright, mommy has cleaned them all.

뭐든지 입에 넣고 있구나! 괜찮아 엄마가 다 깨끗이 닦았어.

○ 본문에서는 '엄마가 다 깨끗하게 했어'라는 의미로 **clean**을 사용했지만, 정확하게는 헝겊이나 물티슈 등으로 '닦았다'는 **wipe**를 사용할 수 있어요. '살균/소독'을 강조하기 위해서는 **disinfect** 라고 할 수도 있지만, 앞선 다른 동사들에 비해 조금은 딱딱하게 느껴질 수도 있으니 참고하세요. (ex. *Mommy has disinfected them all.* 엄마가 다 소독했어.)

D+241

Get down here.
You'll get hurt if you fall.

이리 내려와. 떨어지면 다쳐.

◎ **get**은 '얻다'라는 의미이지만, 다른 단어와 결합하여 다양한 뜻을 만듭니다. 여기서는 **get down** 으로 '내려오다'가 되었지만, **get up**은 '일어나다', **get in**은 '들어가다'가 되지요. **get hurt**는 '다치다'를 의미합니다.

◎ **You'll ... if you ...** '~하면 ~할 거야'를 다른 예문과 함께 좀 더 연습해 볼까요?
   - *You'll feel better if you take a nap.* (낮잠 자면 기분이 나아질 거야.)
   - *You'll grow strong if you eat your vegetables.* (야채 먹으면 튼튼해질 거야.)

D+121

I'm going to pump some body wash to make bubbles.

바디워시를 펌핑해서 거품을 낼게.

○ **pump**는 우리말에서 외래어로 사용되는 '펌프' 덕에 익숙하시지요? pump 뒤에 목적어가 와서 '~를 퍼올리다'라는 의미가 됩니다.

○ **to make bubbles** 부분은 앞의 동작 (*pump some body wash*) 이후에 일어날 일이라는 시간 순서를 생각하면 쉽습니다.

(ex. *Let's go to the park to see the ducks.* [공원에 가다→오리를 보다]

공원 가서 오리 보자 = 오리 보러 공원 가자)

D+240

See those yellow flowers. They're called dandelions.

저 노란 꽃들 봐. 저건 민들레라고 해.

⚙ **It's [They're] called ...** '이건 ~라고 해'라는 표현입니다. 사물이나 동물의 이름을 알려줄 때 가장 일반적으로 사용할 수 있는 표현입니다. 가리키는 대상의 위치에 따라 *this, these, that, those* 등을 다양하게 연습해 보세요.

⚙ 현재 계절에 따라 다음의 어휘들을 소개해주는 것은 어떨까요?
여름 - *cicada* (매미), 가을 - *dragonfly* (잠자리), 겨울 - *icicle* (고드름)

D+122

This cushion will help you avoid spitting up.

이 쿠션이 토하는 걸 막아 줄 거야.

○ 어린 아기의 게움을 예방하기 위해 사용하는 역류방지쿠션은 영어로 **anti reflux cushion** 또는 **baby wedge pillow**라고 합니다. **reflux**는 역류라는 뜻으로, 앞에 **anti**가 붙으면 그것을 방지 한다는 의미가 됩니다. **wedge**는 쐐기라는 뜻인데, 웨지감자 모양을 생각하시면 됩니다.

○ **avoid**는 ~하는 것을 막다/방지하다라는 의미로, 뒤에 ...ing 형태가 옵니다.

D+239

Do you see our car?
Should we make it honk?

우리 차 보여? '빵' 소리 내 볼까?

◎ 차를 타러 주차장에 갔는데, 차를 어디에 주차해 두었는지 잘 기억이 나지 않는 상황에서 쓸만한 표현입니다. **Should we ...** 를 사용해 가볍게 제안하듯 말할 수 있습니다.

◎ **honk**는 '경적 소리를 내다'의 뜻인데, 차를 주어로 해서 쓸 수도 있고 (ex. *The car honked.* 차 경적이 울렸다.) 운전자를 주어로 하여 쓸 수도 있습니다 (ex. *The driver honked the horn.* 운전사가 경적을 울렸다).

D+123

Meet your new lovey.
You can hug it whenever you want.

새 애착 인형 만나 보렴. 원하면 언제든 안을 수 있어.

○ **lovey**는 아이가 애정을 가지고 있는 모든 종류의 부드러운 인형이나 담요를 통칭하는 용어로 많이 사용됩니다. 지역에 따라 **wubbie**라고도 불리며, **cuddle toy** (껴안는 장난감), **comfort toy** (안정 장난감)라는 단어도 흔히 쓰여요.

○ **whenever** ... '~할 때마다'라는 의미입니다.
(ex. *We can read a book whenever you want.* 우린 네가 원할 때마다 책 읽을 수 있어.)

D+238

Do you have a stuffy nose?

코가 막히니?

◈ **stuff**는 동사로 '채워 넣다'의 의미가 있어서, **stuffed**는 '꽉 찬'이라는 의미가 됩니다. 그래서 동물 인형을 영어로 **stuffed animal**이라고 하고, 뭔가를 채워 넣는 내용물, 예를 들면 만두 소나 카시트 내장재 등을 **stuffing**이라고 하지요.

◈ 본문은 다음과 같이 쓸 수도 있습니다.
- *Do you have a stuffy [stuffed] nose?*   - *Is your nose stuffed up [blocked]?*

D+124

Great. Keep holding your bottle with both hands.

좋아. 양 손으로 젖병 계속 잡고 있어.

○ **keep ...ing** '~을 계속해서 하다'라는 의미입니다. 손에 힘이 생겨 스스로 젖병을 잡기 시작할 시기에 하기 적절한 말이지요. 만약 '계속 잡고 있어'가 아니라 그냥 '잡아봐' 라고 할 때에는 *hold your bottle with both hands*라고 하면 됩니다.

○ 특정 신체 부위를 이용해서 무엇인가를 하는 것을 나타낼 때는 **with**를 씁니다. (ex. *Keep your balance with your left foot.* 왼발로 균형을 잡아봐.)

D+237

This is a xylophone. Do, Re, Mi.

이건 실로폰이야. 도, 레, 미.

◈ **xylophone**는 '실로폰'이 아니라 /자일로폰/과 비슷하게 발음합니다. **xylo-**는 '나무의', **-phone**은 '소리'라는 의미이기 때문에 사실은 xylophone은 나무 재질로 만들어진 악기를 칭합니다. 우리에게 익숙한 실로폰은 **metallophone**이 또는 **Glokenspiel**이 정확한 용어이지만, 영어권에서도 이런 종류의 타악기를 그냥 xylophone이라고 잘못 부르는 관행이 있답니다.

◈ '도레미파솔라시'는 원래 이태리어지만, 영어로는 **Do-Re-Mi-Fa-Sol-La-Ti** 라고 씁니다.

D+125

You're so flexible, grabbing your feet like that!

정말 유연하구나, 그렇게 발을 잡고 있다니!

○ **flex**는 원래 신체를 구부리다는 뜻입니다. 그래서 **flexible**은 신체를 잘 굽힐 수 있는, 즉 '유연한' 이라는 의미를 갖습니다. 또, 헬스장에서 사람들이 근육을 부각시키는 동작은 **flexing**이라고 해요. 그래서 **flex**는 비유적으로 자신의 능력이나 소유물을 자랑하는 의미로 확대되었습니다. *She likes to flex her new car.* (그녀는 새 차를 자랑하는 것을 좋아해)처럼 말이예요.

D+236

How does it feel?
It feels fluffy, right?

이거 느낌이 어때? 복슬복슬하지, 그치?

◎ 대상을 만져보며 그 촉감에 대해 이야기할 때에는 **It feels ...** 라고 씁니다.

◎ **fluffy**는 얇은 솜털이 보송보송하고 복슬복슬한 느낌을 나타내는 단어로, 곰인형이나 솜사탕, 털모자 등을 묘사하기에 적합합니다. 감각 형용사는 종류가 워낙 다양해 외국인 입장에서 익히기 까다롭기도 한데, 몇 가지만 간단히 소개할게요.
  - *silky* (비단결처럼 고운), *slimy* (미끈미끈한), *fuzzy* (보들보들한), *furry* (털이 복슬복슬한)

D+126

We're gonna visit your granny.
Can you be calm in your car seat?

우리 할머니 댁 갈 거야. 카시트에서 차분히 있을 수 있지?

◎ '~의 집에 방문하다'는 간단히 **visit ...** 으로 표현합니다.

◎ **be calm** (차분하게 있다) 외에도, **sit quietly** (조용히 앉아 있다), **behave** (예의 바르게 행동하다) 등을 사용할 수도 있어요.

◎ 일반적으로 좌석 위에 앉는 것은 **on seat**으로 표현하지만, 이 경우에는 카시트 안에 폭 싸여있는 느낌 때문에 **in seat**을 더 많이 사용한답니다.

D+235

Let me give you some zerberts on your belly!

엄마가 배방구 좀 해보자!

◎ **zerbert**는 비교적 최근에 만들어져 미국을 중심으로 사용되는 신조어로, 입술을 모아 그 사이로 공기를 내뿜으며 만드는 '부르르' 소리를 의미합니다. 앞서 언급된 **blow raspberry**와 거의 같다고 생각하면 됩니다.

◎ 다만 **give ... some zerberts**라고 하면, 그 행위를 누군가의 피부에 대고 하는 장면을 묘사합니다. 뒤에 **on your belly**가 붙어서 너의 배 위에 '부르르' 하겠다는 의미가 되므로, 우리말의 '배방구' 라는 표현이 적합하겠네요.

D+127

You're sleeping like an angel. So lovely!

천사처럼 자는구나. 너무 사랑스러워!

◎ '~처럼' 이라는 말은 **like ...** 으로 표현할 수 있습니다. 아래의 내용을 넣어 연습해 보세요.
  - 호기심 많은 거북이처럼 기어가고 있네! (*crawl, like a curious turtle*)
  - 너는 별처럼 빛나. (*shine, like a star*)

◎ 또는 like ... (~처럼)를 사용하지 않고, *You're a total angel when you sleep.* (잘 때 너는 완전 천사야.)의 표현도 흔하게 사용할 수 있습니다.

D+234

Where did you hurt yourself? Let's go get the ointment.

어디서 다쳤어? 연고 가지러 가자.

◎ **hurt** (다치다, 아프다)라는 동사는 활용되는 문형이 다양해서 헷갈릴 수 있는 단어입니다. 주어 자리와 목적어 자리에 무엇이 오는지 살피며 다양한 문장을 읽어 보세요.

   - *I hurt my leg.* (나 다리를 다쳤어.)   - *I hurt myself.* (나 다쳤어.)
   - *My leg hurts.* (나 다리가 아파.)   - *It hurts!* (아파!)   - *I got hurt.* (나 다쳤어.)

◎ 바르는 연고는 **ointment**라고 하며, 연고를 바르는 것은 **put on some ointment** 또는 **apply some ointment**라고 합니다.

D+128

Let's see
how you like the high chair.

아기 의자가 네 마음에 드는지 한 번 보자.

◈ **how you like ...** 직역하면 '네가 ~를 어떻게 좋아하는지' 이지만, 자연스러운 우리말로는 '네가 ~를 어떻게 생각하는지 (마음에 들어하는지)' 정도로 이해할 수 있습니다.
  - *Let's see how you like the new toy.* (새 장난감 마음에 드는지 어디 보자.)
  - *Tell me how you like the food.* (음식 네 입맛에 어떤지 알려 줘.)

◈ 반면, '아기 의자 어때?'와 같이 직접적으로 질문할 때에는 *How do you like the high chair?* 로 표현합니다.

D+233

It's too hot.
I'll blow on it to cool it down.

이거 엄청 뜨거워. 엄마가 불어서 식혀줄게.

○ **I'll ... to ...** '내가 ~해서 ~할게'로, 일상에서 활용도가 높으니 여러 번 반복해서 연습해 보세요.
 - *I'll draw it to show you.* (엄마가 그려서 너 보여줄게.)
 - *I'll wash it to clean it up.* (엄마가 씻어서 깨끗하게 만들게.)

○ **blow on ...** '~ 입바람을 불다', **cool ... down** '~를 식히다' 입니다.

D+129

Is it too warm?
You're all sweaty.

덥니? 온통 땀 투성이네.

○ **warm**은 일반적으로 '따뜻한' 이라는 긍정적인 느낌의 단어지만, *too warm*과 같이 너무 덥다는 부정적인 의미로도 사용할 수 있어요. *too hot* 이라고 써도 괜찮습니다.

○ **all sweaty**에서 **all**을 써서 '온통', '투성이'와 같은 느낌이 추가되었어요. 땀이 많이 나는 상황을 묘사할 때는 다음과 같이 쓸 수도 있습니다.
- *You're sweating a lot.* (땀을 많이 흘리네.)
- *You're soaked in sweat.* (땀에 흠뻑 젖었네.)

D+232

Listen carefully to what the teacher says.

선생님이 뭐라고 하시는지 잘 들어봐.

🌼 일반적으로 **listen to**를 하나의 덩어리처럼 사용하지만, '잘' 들어보라고 할 때에는 그 사이에 **carefully** (주의 깊게)를 넣어 **listen caferully to ...**와 같이 사용합니다.

🌼 **what+주어+동사** (...가 ~하는 것)의 문형을 더 연습해 봅시다.
  - *what you can do* (네가 할 수 있는 것)   - *what he has made* (그가 만든 것)
  - *what the song is about* (이 노래가 어떤 내용인지)

D+130

You slept 10 hours straight!

10시간 동안 쭉 잤네!

◎ 시간이나 거리를 나타내는 말 뒤에 **straight**이 온다면, '연속으로, 쭉'의 느낌을 줄 수 있어요.
  (ex. *The baby cried for 2 hours straight before finally falling asleep.* 아기는 결국 잠들기
  전에 2시간을 내리 울었다.)

◎ 이 문장은 다음과 같이 표현할 수도 있습니다.
  -*You slept for 10 hours without waking up!* (너 깨지 않고 10시간을 잤어!)
  -*You had a solid 10-hour sleep!* (너 온전한 10시간을 잤구나!)

D+231

Hands off! No touch!

손 떼! 만지지 마!

- **Hands off** '손 떼'라는 의미로, 원래 *Take your hands off.* 라는 온전한 문장의 형태에서 일부가 생략된 형태입니다. 의미는 다르지만 비슷한 느낌으로 *(Keep your) Eyes front!* (앞을 봐!) 또는 *(Get your) Feet off the table!* (테이블에서 발 내려!) 등도 가능합니다.

- **No touch**는 **Don't touch**와 같은 의미로, 아이에게 말할 때 장난스럽게 **No touchy!**라고도 합니다. 우리말에서 귀한 물건을 칭하는 '노다지'라는 단어가 여기에서 유래했다고 합니다.

D+131

Daddy's back from work.
Hello, Daddy!

아빠 일 끝나고 집 오셨다. 안녕 아빠!

◎ **be back** 어딘가에 갔다가 돌아온 상태를 표현합니다. 아주 간단하게는 *I'm back* (나 왔어) 와 같이 쓸 수 있고, 터미네이터의 명대사 *I'll be back* (난 돌아올거야) 에도 이 단어가 쓰였지요.

◎ '아빠가 집에 오셨다'는 *Daddy's home!* 또는 *Daddy just came back!* 으로 표현 할 수도 있습니다.

D+230

Let's go inside.
Do you want to sit on the trolley?

안에 들어가자. 카트에 앉을래?

◎ **Let's go inside** 대신 *Let's go in*이라고 할 수도 있습니다. 다만 **inside**라고 하면 특정한 건물의 실내로 들어가는 느낌이 좀 더 강조됩니다.

◎ '쇼핑 카트'는 지역별로 다양한 이름으로 불립니다. 북미 지역에서는 **shopping cart** 또는 **cart**, 영국/호주/뉴질랜드 등에서는 **shopping trolley** 또는 **trolley**라고 불립니다. 드물게 **buggy** 라고 부르는 지역도 있습니다.

D+132

Can you make it wobble again?

다시 흔들리게 만들어 볼래?

◎ **wobble**은 무엇인가가 불안정하게 흔들거리거나 뒤뚱거리는 모습을 나타냅니다. 오뚝이 장난감이 계속 흔들리며 균형을 되찾는 모습을 묘사할 때 쓸 수 있어요. 그래서 오뚝이 장난감을 영어로는 **wobble toy** 라고 하며, **roly-poly toy** 라고도 많이 부릅니다.

◎ **make it ...**은 '그것이 ~하게 만들다'라는 의미입니다. 다음 동사들을 넣어 연습해 보세요.
 - 그거 움직이게 해 봐 (*move*)   - 그거 돌아가게 해 봐 (*spin*)

D+229

Oh, my. You can stand all by yourself now!

맙소사. 이제 혼자 서 있을 수 있구나!

◈ 사회 전반적으로 종교적인 분위기가 강했던 옛날에는 **Oh my God** (오 신이시여) 라고 쓰였던 감탄사가, 점차 **Oh my goodness, Oh my gosh**를 거쳐 **Oh my**로 변화하였습니다. 그 과정에서 종교적 의미는 사라지고 '맙소사'하는 느낌만 남았지요. 놀랐을 때, 감탄할 때, 걱정될 때, 공감할 때 등 다양하게 사용됩니다.

◈ **all by yourself** '너 완전히 혼자서'라는 의미입니다.

D+133

You look adorable in that vest!

그 조끼 입으니까 너무 사랑스럽다!

◎ 아이를 문장의 앞에 써서 '네가 귀엽다 (*You look adorable ...*)'로 말할 수도 있지만, 반대로 조끼를 문장의 앞에 써서 다음과 같이 표현할 수도 있어요.
That vest looks great(good) on you! (그 조끼 네가 입으니까 정말 멋지다!)

◎ **adorable** 대신에 아이를 묘사할 수 있는 몇가지 형용사를 더 소개해드립니다.
cute (귀여운), **handsome** (멋진), **pretty** (예쁜), **lovely** (사랑스러운), **sweet** (달콤한)

D+228

Watch me carefully.
I'm watering the plants.

엄마 잘 봐. 화분에 물 주는 중이야.

❁ **Watch me**는 내가 지금부터 할 행동이나 과정을 잘 지켜보라는 느낌입니다. 반면 **Look at me**는 그냥 순간적인 주의를 끌 때 사용합니다. 따라서 아이에게 무엇인가 시범을 보이거나 행동을 따라 하게 하고 싶을 때에는 watch를 사용하는 것이 적절합니다.

❁ **water**는 '물'이라는 뜻도 있지만, 뒤에 목적어가 와서 '물을 주다'는 동사로도 쓰입니다.

D+134

Do you have something you want to say?

뭐 하고 싶은 말이 있어?

◈ 이 문장은 상대가 무언가 할 말이 있는 것 같을 때 물어볼 수 있는 말로, *Do you want to say something?* 으로도 쓸 수 있습니다.

◈ **something** 뒤에 다양한 단어나 문장을 넣어 '~한 무엇인가'라는 의미를 만들 수 있어요.
- *I have something interesting.* (나 뭐 재미있는 거 있어.)
- *There's something I want to try.* (나 뭐 해보고 싶은 거 있어.)

D+227

This is a hairdryer.
Did it startle you?

이건 헤어드라이기야. 소리에 깜짝 놀랐어?

◎ 우리말의 헤어드라이기는 영어 단어 **hairdryer**와 한자 (-기)와 결합한 단어입니다. 토스터기 (**toaster**)나 믹서기(**mixer**)도 비슷한 예시입니다. 다만 요즘은 그냥 토스터, 믹서라고 말하는 경우도 점차 흔해지고 있지요.

◎ **startle**은 '깜짝 놀라게 하다'는 의미가 있는데, **be startled** 처럼 수동태로 쓰일 수도 있습니다. 이 상황에서는 *Did it scare you?* 또는 *Were you surprised?*라는 표현도 가능합니다.

D+135

We're here! Do you know where we are? It's a park!

도착했다! 우리가 어디에 있는지 알아? 공원이야!

◎ '도착했다'고 할 땐 간단하게 *We're here!* (우리 여기에 왔다!) 라고만 해도 됩니다.
  다르게 표현하면 다음과 같이 쓸 수도 있어요.
  - *We've arrived!*   - *Here we are!*

◎ **Do you know where[when/what/...]** '~인지 알아?'라고 묻는 표현입니다.
  다른 내용을 넣어 연습해 볼까요?
  - 내가 뭐 샀는지 알아? (*what I bought*)   - 파티가 언제인지 알아? (*when the party is*)

D+226

We have minced beef, and finely chopped spinach, zucchini, and mushrooms.

다진 소고기랑 잘게 다진 시금치, 애호박 그리고 버섯이야.

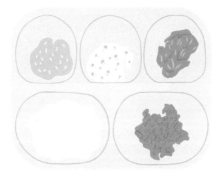

◇ 일반적인 이유식을 하든 **BLW**(아이주도이유식)를 하든, 아이에게 오늘의 식사 메뉴를 손으로 하나하나 짚어가며 알려주는 것은 의미있는 일입니다.

◇ **spinach** (시금치)는 /스피닛취/와 가깝게 발음하며, **zucchini**는 /주키:니/와 같이 발음하는데 우리의 애호박과 가장 유사한 호박의 종류입니다.

◇ 고기를 다질 때는 **mince**라는 단어를 사용하고, 칼을 이용해 야채를 다지는 것은 **chop**이라고 하는데, **finely**가 붙어 '작은 입자로'의 의미가 됩니다.

D+136

Now Mommy's gonna turn off the light.

이제 엄마가 불 끌 거야.

○ **on, off, up, down, in, out**과 같은 단어들은 동사와 함께 쓰여 문장의 핵심 의미를 담기 때문에, 이 부분을 강조해서 문장을 말해 주면 아이가 영어 감각을 익히는 데 큰 도움이 됩니다.

  - *Let's go **UP** the stairs.* (계단 걸어 오르자.)
  - *Let's put the ball **IN** the box.* (이 상자에 공 넣자.)

D+225

Good night, my boy.
Sweet dreams.

잘자, 우리 아들. 좋은 꿈 꿔.

◇ *Good morning, Good afternoon*이 각각 아침과 오후에 만났을 때 하는 인사인 것과는 달리, **Good night**은 헤어지며 하는 인사입니다. 밤에 만났을 때 하는 인사는 *Good evening.*이라고 합니다. 비록 저녁보다 늦은 밤 시간이더라도요.

◇ 그렇지만 Good night을 낮잠 잘 때 사용할 수는 없답니다. 그 땐 **Sleep Well.** (잘 자.), **Sweet dreams.** (좋은 꿈 꿔.), **Sleep tight.** (푹 자.) 등으로 표현하면 됩니다.

D+137

Wiggle your butt, wiggle wiggle.
Wiggle your toes, wiggle wiggle.

엉덩이를 씰룩 씰룩. 발가락을 꼼지락 꼼지락.

○ **wiggle**은 빠르고 가볍게 앞뒤로 또는 양옆으로 흔드는 동작을 나타냅니다. 우리말로는 꼼지락 꼼지락, 꼬물꼬물, 씰룩씰룩 등에 해당되지요. 비슷한 단어로 **wriggle**이 있는데 /뤼글/에 가깝게 발음하며, 어딘가에서 빠져나오려고 몸부림치는 좀 더 큰 동작의 느낌이 듭니다. (ex. *The fish wriggled in the fisherman's hand.* 물고기가 어부의 손에서 꿈틀거렸다.)

○ **butt** 엉덩이를 의미하는 *buttocks*의 줄임말입니다.

D+224

Can you point to your nose? Here it is!

코를 짚어볼까? 여기 있지!

◈ 신체 부위를 짚는 놀이를 할 때는 본문에 쓰인 표현 외에도 *Touch your nose.* (코를 만지세요.) 또는 *Where is your nose?* (코가 어디있지?)와 같은 표현도 좋습니다.

◈ **point**는 손가락 등으로 가리키는 동작을 나타내며, 특정 대상을 가리킬 때는 주로 **to** 또는 **at**과 함께 사용됩니다. 하지만 **point at**은 **point to**에 비해 좀 더 지목하는 듯한 강한 느낌을 주며, 누군가를 손가락질하는 것과 같은 부정적인 뉘앙스를 가질 수도 있습니다.

D+138

Looks like your diaper is too tight. Time to go up a size.

기저귀가 꽉 끼는 것 같네. 사이즈를 키워 보자.

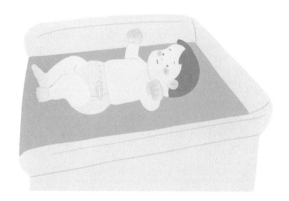

- **It looks like ~** '...인 것 같다' 로 시작하는 문장이지만, 일상적으로 맨 앞의 **it**을 생략해서 말하기도 합니다. 다음 문장을 더 만들어 보세요.
  - 너 배고픈 것 같네 (*you're hungry*)
  - 여기 문 닫은 것 같아 (*it's closed*)

- '사이즈를 키우다'는 **go up a size, move up a size, try a bigger size** 등으로 표현됩니다.

D+223

The weather is getting hot and humid.

날씨가 점점 덥고 습해지네.

◌ **getting ...** '점점 ~해지다'라는 의미로, 날씨 뿐만 아니라 다양한 상태의 변화를 나타낼 때 자주 사용됩니다.

◌ 덥고 습한 날씨를 표현하는 **hot and humid**는 우리나라의 여름 날씨를 가장 잘 나타내는 표현이지요. 비슷한 의미로 **muggy** (후덥지근한), **sticky** (끈적끈적한), **stuffy** (답답한) 등의 단어도 일상 대화에서 자주 사용되지만, 영어 학습자들이 잘 모를 수 있는 유용한 표현입니다.

D+139

Can you play alone
while I prepare your bottle?

엄마가 분유 준비하는 동안 혼자 놀고 있을 수 있니?

◌ 분유는 formula이지만, 젖병이라는 의미로 **bottle**이라는 표현이 더 많이 사용됩니다.

◌ **while I ...** (엄마가 ...하는 동안) 를 활용해서 다른 표현들을 더 연습해 보세요.
  - 엄마가 네 옷 가져오는 동안 (*get your clothes*)
  - 엄마가 목욕물 준비하는 동안 (*prepare your bath*)

D+222

Let's get dressed for the mommy and me class.

문화센터 수업 가게 옷 입자.

우리나라에서는 아기들을 위한 다양한 체험형 수업을 일반적으로 '문화센터 수업'이라고 하지요. 영어에서는 지역마다 조금씩 다르게 불리는데, 미국에서는 주로 **mommy and me class**라는 표현이 사용되고, 영국/호주/뉴질랜드에서는 **playgroup**이라는 표현이 사용됩니다.

- *It's time for our mommy and me class!* (문화센터 수업 갈 시간이다!)
- *Let's go to the playgroup.* (문화센터 가자.)

D+140

Let's dry you off quickly.
We don't want you to catch a cold.

물기 빨리 닦자. 감기 걸릴라.

○ **dry** 형용사로는 '마른, 건조한'의 의미가 있지만, 동사로는 물기가 사라지는 것 자체를 의미합니다. 즉, 자연 건조 상황이나 헤어드라이어 등을 사용하여 말리는 상황 뿐만 아니라 수건 등을 이용하여 물기를 닦아낼 때에도 사용됩니다.

○ **We/I don't want you to ...** '우리는/나는 네가 ~하는 것을 원치 않아'의 의미입니다. 어떤 행동을 하지 않도록 가르칠 때 아주 유용하게 사용되는 표현이므로, 여러 번 반복해서 연습해 보세요.

D+221

What's in your mouth?
No, no, no!

입에 뭐 넣은 거야? 안돼, 안돼!

◈ 엄마가 잠시 다른 데를 보는 사이에 아이가 입에 뭔가를 우물거리고 있다면 당황스러우시죠? 본문에 제시된 표현 외에도 *What did you put in your mouth?* (입 안에 넣은 거 뭐야?) 또는 입에 뭔가를 넣었는지 넣지 않았는지 확실하지 않을 때에는 *Did you put anything in your month?* (입에 뭐 넣었어?) 등의 표현을 쓸 수 있습니다.

D+141

What should we wear today?

오늘은 뭐 입을까?

◌ **What should we ...** '우리 뭐 ~ㄹ까?' 의 의미로, 매우 유용하게 쓸 수 있는 표현입니다.
다른 단어를 넣어 활용 연습해 봅시다.
- 뭐 먹을까? (*eat*)   - 뭐하고 놀까? (*play*)
또는 what 대신에 다른 의문사를 넣어 문장을 만들 수도 있어요.
- 어디 갈까? (*Where should we go?*)   - 언제 갈까? (*When should we go?*)

D+220

Let's see how tall you are now.

키 얼마나 컸나 보자.

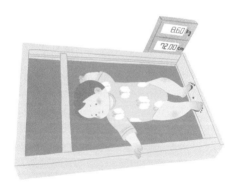

◎ **Let's see how...** '얼마나 ~인지 보자'의 의미로 사용됩니다.

◎ **how tall you are** '네 키가 얼마나 큰지'는 간접의문문 형태인데, 아기의 성장과 발달과 관련된 예문을 몇 개 더 살펴보겠습니다.
 - *Let's see how many teeth you have now.* (이제 이 몇 개인지 보자).
 - *Let's see how well you can crawl now.* (이제 얼마나 잘 길 수 있나 보자).

D+142

See the leaves?
They are so pretty with the fall colors.

잎들 보이니? 가을 색깔로 너무 예쁘다.

◎ 원래 문장은 *Do you see the leaves?*지만, 일상적인 구어체에서 맨 앞의 do you가 생략된 형태입니다.

◎ 만약 현재가 가을이 아니라면, 다음과 같이 변형하여 말해 보세요.
　봄 - *They are so fresh and green.* (너무 신선하고 초록초록하지.)
　여름 - *They are so lush and vibrant.* (정말 무성하고 생기 넘쳐.)
　겨울 - *There's no leaf. The trees are resting now.* (나뭇잎이 없네. 나무들이 쉬고 있어.)

D+219

Why are you being fussy?
Are you not feeling well?

왜 이렇게 보챌까? 어디 몸이 안 좋아?

◇ 아이의 부정적인 감정과 관련해서, **upset**은 가장 넓은 의미로 슬픔, 분노, 실망 등을 아우를 수 있는 단어이고, **fussy**는 특히 어린아기가 보채거나 까다롭게 구는 상황에 사용됩니다. 만약 감정적으로 폭발해서 큰 소리로 울며 화를 내는 상황이라면 **throw a tantrum**이라는 단어를 씁니다.

◇ 몸이 좋지 않은 상황은 **not feel well**이라고 합니다. *I'm sick.* (나 아파.) 보다는 *I'm not feeling well.* (나 몸이 좀 안 좋아.) 이라고 쓰는 것이 더 자연스럽겠지요?

D+143

Having trouble burping today?

오늘 트림하기 힘들어?

- 원래 **Are you having trouble ~** '...하는 데 어려움이 있어?' 형태의 문장이지만, 구어체에서 일상적으로 맨 앞의 are you를 생략하여 만들어진 문장입니다.

- 무엇인가를 하는 데에 어려움이 있는지를 물을 때, *having trouble* 뒤에 ~ing를 사용해서 질문할 수 있어요. 다음과 같은 예문으로 더 연습해 보세요.
  - 잘 못 먹겠어? (*eating*)   - 걷는게 힘들어? (*walking*)

D+218

You don't want to eat this.

이거 안 먹고 싶구나.

◎ **You don't want to eat this** 이 문장은 상황에 따라 '이거 안 먹고 싶구나' 하는 추측이 될 수도 있고, '이거 안 먹고 싶을 걸 (먹지 마)'하고 권고하는 의미가 될 수도 있습니다. 끝을 올려서 말하면 '이거 안 먹고 싶어?'하고 질문이 될 수도 있고요.

◎ 만약 추측의 의미를 명확하게 하려면, *It seems like you don't want to eat this.* 또는 *I get the feeling you don't want to eat this.* 라고 하면 됩니다.

D+144

Let's bounce up and down!
Boing, boing. Whee!

위 아래로 점프하자. 띠용, 띠용. 위이!

◌ **bounce**는 무엇인가가 표면에 닿은 후 반대 방향으로 움직이는 동작, 즉 '튀는 동작'을 묘사합니다. 여기에서는 아이의 몸통을 손으로 받치고 위아래로 움직이게 하는 동작을 표현했어요.

◌ 우리말에 '띠용 띠용'하는 소리는 **boing, boing**이라고 나타내며, 아이가 신이 나서 내는 소리를 **whee**라고 표현합니다.

D+217

Let's dry your face with this towel. Pat, pat, pat.

수건으로 얼굴 닦자. 톡 톡 톡.

◈ 세수하고 난 뒤 수건을 사용하는 모습을 묘사할 때, 우리말에서는 '닦는 행위'에 초점을 맞추는 반면 영어에서는 '물기를 제거하는 행위'에 좀 더 초점이 맞춰집니다. 그래서 dry라는 단어가 보다 일상적으로 사용됩니다. 자연건조 (air-dry)와 대조적으로 수건으로 닦는 행위는 **towel-dry** 라고 하기도 합니다.

◈ **pat**은 가볍게 톡톡 두드리는 행위를 뜻합니다. 누군가를 토닥일 때에도 pat을 사용합니다. (ex. *Will you pat your bunny?* 네 토끼인형 토닥토닥 해줄래?)

D+145

Come sit on mommy's lap.

엄마 무릎에 와서 앉아.

○ **come**과 **go**는 바로 뒤에 다른 동사가 연달아 와서, '와서 ~하다' 또는 '가서 ~하다라는 의미를 만들어줍니다.
  - *Come eat this.* (와서 이거 먹어.)   - *Go get it.* (가서 그거 가져와.)

○ 우리말로 흔히 '무릎에 앉아라고 하지만, 실제로 아이가 앉는 부분은 허벅지 위의 평평한 부분 이며 이 부분은 **lap**이라고 합니다. 여기에 노트북을 올려놓고 사용한다고 해서 노트북을 **laptop computer**라고 하지요. **knee**(무릎)는 다리 중간에 있는 관절 부분을 의미합니다.

D+216

You're too excited!
I think you're overtired.

엄청 신났네! 과피로 왔나보다.

- 아이가 제 때 잠을 자지 못해 행동이 과해지고, 피곤함에도 오히려 더 잠을 자지 못하는 상태를 '과피로' 또는 '과자극' 상태라고 합니다. 그리고 이런 상태를 영어로는 **overtired** 또는 **overstimulated**라고 표현합니다.

- **over-**는 바람직한 수준을 넘어서다는 의미를 더하며, 동사 앞에 붙을 수도 있고 (ex. *oversleep* 늦잠자다, *overprotect* 과잉보호하다) 형용사에 붙을 수도 있습니다 (ex. *overwhelmed* 압도된, *overexcited* 과흥분한).

D+146

Let's get on the play mat.
The floor is cold.

바닥 매트 위에 올라가자. 여기 차갑다.

◌ 아기를 위해 바닥에 까는 매트는 일상적으로 **play mat**라고 합니다. 이 매트들은 보통 어느 정도 도톰하게 만들기 때문에, 구체적으로는 **padded** (속이 채워진) **play mat** 라고 말하기도 하지요. (우리가 흔히 이야기하는 패딩 점퍼는 사실 **padded jacket**이라고 한답니다.)

◌ **get**이라는 단어가 **on**과 함께 쓰여 '올라가다'는 의미가 되었습니다. 마찬가지로, 들어가다는 **get in**, 내려가다는 **get down**과 같이 표현할 수 있습니다.

D+215

Would you like a piggyback ride?

어부바 해줄까?

- 어부바는 **piggyback ride**라고 합니다. piggyback이 마치 pig(돼지)의 등과 관련이 있을 것 같은 느낌을 주지만, piggyback은 사실 '짐을 지다'라는 뜻의 고대 영어인 **'pick pack'**에서 유래한 말로, 실제 돼지와는 아무 관련이 없답니다.

- 어부바 '해 주다'에 해당하는 동사로는 give를 사용해서, **give a piggyback ride**와 같이 말할 수 있습니다. (ex. *I'll give you a piggyback ride*. 내가 어부바 해 줄게.)

D+147

Let's get you undressed.

옷 벗자.

- **get you undressed** '너를 벗은 상태로 되게 하다', 즉 '네 옷을 벗기다'라는 의미가 됩니다. 그냥 **undress**라는 동사만으로도 '옷을 벗다/벗기다'는 의미가 되지만, **get + 분사(-ed)**를 사용하면 더 자연스럽고 일상적인 표현이 됩니다.
  - *get you buckled up* (네 안전벨트를 채우다)
  - *get you cleaned up* (너를 깨끗하게 하다)

D+214

You're coughing.
We need to go to the doctor.

기침하네. 병원[의원] 가야겠다.

◇ **cough**는 '기침하다'라는 뜻이며, *cough, cough*와 같이 반복해서 사용하면 '콜록 콜록'하는 의성어처럼 사용할 수 있습니다. 참고로 재채기하다는 동사는 **sneeze**이며, 재채기하는 소리는 *Achoo!* 또는 *Choo!*로 쓰입니다.

◇ 일상적인 동네 소아과 등의 방문은 **go to the doctor, visit the doctor** 또는 **see a doctor**로 표현하며, 작은 규모의 의료기관 (의원급)을 지칭하는 단어는 **doctor's office** 또는 **clinic** 입니다.

D+148

You're sitting so nicely on the chair.

의자에 정말 잘 앉아 있네.

○ **sit nicely** 우리말로 '의자에 잘 앉아 있다', '의자에 예쁘게 앉아 있다'에 해당하는 표현입니다. **sit properly** (바르게 앉다), **sit straight up** (똑바로 앉다), **sit still** (가만히 앉다) 등도 비슷한 의미를 전달합니다.

추가로, 의자에 예쁘게 앉아 있으라고 지시/권유하는 표현도 연습해 볼까요?
- *Sit nicely on the chair.* (의자에 예쁘게 앉아.)
- *Will you sit still?* (가만히 앉아 있을래?)

D+213

This shoe goes on your right foot, and this one goes on your left foot.

이쪽 신발은 오른발, 이쪽은 왼발.

○ 본문에서 **go**는 무엇인가가 ~에 놓이다/속하다/위치하다는 의미입니다. go의 기본적인 '가다'의 의미에서 확장된 용법이지요. 다음 유사한 예문들을 더 보고 감을 익혀 보세요.

- *The milk goes in the fridge.* (우유는 냉장고에 넣어야 해.)
- *This piece goes here.* (이 조각은 여기가 맞아. - 퍼즐놀이)

D+149

We're eating out today.
Will you be good?

우리 오늘 외식 할 거야. 얌전히 있을 수 있지?

◎ '외식하다'는 영어로 간단히 **eat out**이라고 씁니다.
현재 일어나고 있는 일은 아니지만, 곧 있을 가까운 미래의 일은 현재진행형으로 사용할 수 있습니다.
(ex. *We're leaving soon.* 우리 곧 나가.)

◎ 앞서 '차분하게 있다/얌전히 있다'를 나타내는 표현으로 **be calm, sit quietly, behave** 등을
언급한 적이 있지요? **be good**도 비슷한 의미로 사용할 수도 있어요.

D+212

Don't spit it out!
Just swallow it.

뱉지 마! 그냥 삼켜.

◇ **spit out**은 입 안에 들어있는 음식물을 일부러 뱉어내는 행동을 의미합니다. 반면 앞서 나왔던 **spit up**이라는 표현은 아기가 비자발적으로 게우는 모습을 나타냄을 대조해서 기억하세요.

◇ **Just**는 간단한 해결책이나 행동을 제안할 때 사용합니다. 유명 스포츠 브랜드의 광고 문구인 **'Just do it** (그냥 해)' 처럼 말이예요. 아이에게 다양한 시도를 격려해 보세요. **Just try it!**

D+150

Oh no,
you have a scratch on your nose.

아이코, 코에 상처 났구나.

◌ **scratch**는 '긁다/할퀴다'라는 뜻이지만, '긁힌 자국', '가벼운 상처'등을 의미하기도 합니다.
다친 흔적과 관련된 다른 단어들을 더 소개해 드릴게요.
  - *wound* 주로 총, 칼로 생긴 깊은 상처   - *scar* 흉터
  - *cut* 날카로운 물체에 베인 상처   - *bruise* 멍

◌ 본문에서는 **you have~**로 표현했지만, **there is**를 사용해 다음과 같이 표현할 수도 있어요.
  - *Oh no, there's a scratch on your nose.*

D+211

Look at the screen.
Who's on it?

핸드폰 화면 봐봐. 누구 있어?

◇ 이른 월령에 스마트폰 노출은 지양해야 하지만, 저는 종종 전면 카메라로 아이를 비춰 화면 속 아이를 함께 바라보며 이야기하는 놀이를 했었는데요. 이 때 핸드폰 화면은 **phone screen** 이라고 하며, 맥락상 이해가 될 때는 그냥 **screen**이라고 하는 경우가 많습니다.

◇ 영어에서는 화면을 2차원의 평면으로 인식하기 때문에 *on the screen* 을 사용합니다. 우리말로 '화면 속'이라고 표현한다고 해서 in이라고 하면 틀립니다. 추가로, 아이에게 '누가 보이느냐'고 묻는 질문은 *Who's that? Who do you see? Who can you see?* 등도 가능합니다.

D+151

Awesome!
Now you're starting to scoot.

멋지다! 이제 배밀이 시작하려는구나.

○ **Awesome!**은 어떤 대상을 보고 짧고 굵게 감탄하는 말로 자주 사용합니다.
Fantastic! (환상적이야!) **Super!** (최고야!) **Amazing!** (놀라워!) **Brilliant!** (훌륭해!)
등도 사용할 수 있습니다.

○ **scoot**은 배밀이, 즉 아기가 네 발 기기를 시작하기 전에 배를 바닥에 대고 기어가는 모습을
나타내는 표현입니다.

D+210

There are white butterflies fluttering around.

저기 흰 나비들이 훨훨 날아다니네.

◇ 나비가 훨훨 날아다니는 모습을 묘사하기 적절한 영단어는 **flutter**인데, 이는 나비나 새 등이 날갯짓하는 모습을 나타냅니다.

◇ **around**는 동사 뒤에 붙어 행동의 방향성이나 범위 등을 나타내는데, 특정 지점에 머무르지 않고 이리저리 돌아다니는 느낌이 강합니다. 앞서 D+115에 나왔던 문장을 떠올려 보세요. (*Watch that toy moving around!* 저 장난감 돌아다니는 것 좀 봐!)

D+152

We need to trim your nails.

우리 네 손톱 좀 다듬어야겠다.

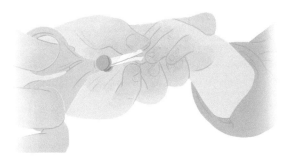

◎ 손톱을 깎는 상황에서 쓰일 수 있는 동사들을 살펴보겠습니다.
- **trim** 손톱을 조금씩 다듬어 정리하는 느낌. 길이를 많이 자르기보다는 깔끔하게 다듬는 것.
  (*We need to trim your nails.* 우리 네 손톱 좀 다듬어야겠어.)
- **cut** 손톱을 짧게 자르는 느낌. 도구는 가위일 수도 있고 손톱깎이일 수도 있음.
  (*It's time to cut your nails.* 손톱 깎을 시간이야.)
- **clip** cut과 비슷하지만 손톱깎이라는 도구를 사용함을 명확하게 드러냄 .
  (*Let's clip your nails.* 네 손톱 좀 깎자.)

D+209

Enjoy some puffs.
You'll love them.

떡뻥 맛있게 먹어. 정말 좋아할 거야.

◎ **puff**는 원래 '불다, 부풀리다' 라는 뜻으로, 담배를 뻐끔대는 모습이나 달리기 후 숨을 헐떡이는 모습에도 사용되는 동사입니다. 이렇게 '부풀다'라는 의미에서 유래되어, 한국의 떡뻥과 비슷한 아기용 과자를 puff라고 합니다. 다만 한국의 떡뻥은 보통 길다란 스틱 모양인 반면, 영미권의 puff는 일반적으로 동그란 공이나 별 모양입니다

◎ **You'll love it / You'll love them**은 통째로 외워 여기저기 활용해 보세요.

D+153

Oops. We have a blowout here.

아이구. 우리 (기저귀) 대형 사고 났다.

- **blowout**은 무엇인가가 부풀어 오르다가 터짐을 묘사하는 단어입니다. 주로 타이어에 펑크 난 상황을 나타내고, 비유적으로 거창한 식사나 파티를 나타내기도 합니다. 여기에서는 기저귀가 샌 상황을 재미있게 나타낸 표현이예요.

- **We have** 뒤에 *a diaper mishap* (*mishap 가벼운 사고), *a big diaper mess* (*mess 엉망진 창인 상태) 등을 넣어서 표현해보아도 재미있을 것 같지요?

D+208

Let me heat it up in the microwave.

이거 전자레인지에 데울게.

◎ 음식을 전자레인지에서 가열하는 것을 묘사할 때 우리는 전자레인지에 '돌리다/데우다' 등의 동사를 사용하지요. 영어에서는 **heat up**이나 **warm up** (데우다), 또는 **microwave** (전자레인지에 돌리다) 자체가 동사로 사용되기도 합니다.

(ex. *I'm going to microwave the leftovers.* 남은 음식 전자레인지에 돌릴게.)

◎ 본문에서 **heat it up** 대신 그냥 **heat it**이라고 써도 되지만, **up**이 추가되면 더 충분히 데운다는 뉘앙스를 더해주면서 더 구어체적이고 일상적인 느낌도 줍니다.

D+154

The way you're sitting is so funny.

너 앉아 있는 자세 너무 웃겨.

○ **The way ...** '~하는 방식'이라는 의미입니다. 다른 예시들을 좀 더 살펴보세요.
  - *the way you wiggle your hips* (네가 엉덩이 씰룩대는 방식)
  - *the way you're holding the bottle* (네가 젖병을 잡고 있는 방식)
  - *I love the way you make the baby O face.* (나는 네가 '오' 표정 하는게 정말 좋아.)

D+207

How does the potato taste?
Munch, munch.

감자 맛이 어때? 냠냠.

◎ 맛이 어떠냐고 질문할 때는 **How does it taste?**라고 합니다. 아기가 자신의 의사를 아직 말로
표현 할 수 없는 시기에는 *How does it taste? Does it taste good?* (맛이 어때? 맛있어?) 와
같이 두 문장을 연달아 말해주면 좋겠지요.

◎ **Munch**는 음식을 씹을 때 나는 '우적우적, 와구와구, 냠냠'과 같은 소리를 표현하는 말입니다.
아기가 아직 이로 씹어서 이같은 소리를 낼 수 없기는 하지만, 먹는 행위를 즐겁게 묘사하기에
적합합니다.

D+155

Wow, look at you,
blowing raspberries!

와, 너 좀 봐, 투레질 하는구나!

⊙ 아기가 혀를 살짝 내밀고 두 입술을 부르르 떠는 모습을 본 적 있으신가요? 이 동작을 우리말로는 '투레질'이라고 하는데, 영어에서는 **blow raspberries** (라즈베리를 불다) 라는 표현이 가장 가깝습니다. 이는 원래 두 입술 사이로 혀를 내밀고 '텟텟'하는 방귀소리를 내어 상대를 조롱하는 모습을 표현하지만, 아이의 투레질도 이와 같이 표현합니다.

D+206

Let's keep your hood on.

모자 벗지 마 (모자 계속 쓰고 있자).

◎ 우리말로 '~하지 마'라는 말을 영어로 표현할 때는, **don't**을 사용해 부정으로 말하기보다는
현재의 상태를 유지하라는 긍정문의 방식으로 말하는 경우가 많습니다.
- *Don't take off your hood.* (모자 벗지 마.) *Keep your hood on.* (모자 쓰고 있어.)
- *Don't go too far.* (멀리 가지 마.) *Stay close to me.* (엄마 근처에 있어.)

D+156

Are you up?
Do you feel refreshed?

일어났어? 개운해?

- **up** '위', '위로'라는 중심 의미의 단어이지만, 잠에서 깨어나 일어난 상태를 뜻하기도 합니다. '일어났냐'는 다른 표현으로는 *Are you awake?*, *Did you wake up?* 등으로 말할 수도 있어요.

- **refresh**는 re(다시) + fresh(상쾌하게 하다)로, '생기를 되찾게 하다' 등의 의미로 쓰입니다. (ex. *The long nap has refreshed the baby.* 낮잠을 자고나서 아기는 재충전됐다.) 본문에서는 **feel refreshed**로 변형되어 '개운함을 느끼다'는 의미가 되었습니다.

D+205

Oh, that's not safe.
It could break.

어, 그건 위험해. 깨질 수도 있어.

◌ '위험한' 이라는 의미의 단어 **dangerous**는 보통 자연재해, 강력범죄, 교통사고 등 심각한 해를 끼칠 수 있는 아주 위험한 상황에 사용됩니다. 일상적으로 가벼운 정도의 위험함은 **not safe**를 사용해서 표현하는 것이 적절합니다.

◌ **could**는 '~할 수도 있다'는 가능성을 표현할 때 사용됩니다. **break**는 '깨다'라는 뜻도 있지만 '깨지다'는 의미도 있기 때문에 *It could break.* 그대로 사용합니다.

D+157

I'll give you a little massage.

마사지 좀 해 줄게.

○ massage 라는 단어는 '마사지'라는 명사 뿐만 아니라 '마사지를 해주다'는 동사의 의미도 있지만, **give a massage**라는 표현이 일상적으로 많이 사용됩니다. 아래는 아이에게 마사지를 해 주면서 사용할 수 있는 추가 문장들입니다.

- *I'll rub your back gently.* (엄마가 등 살살 문질러 줄게.)
- *It'll help you relax.* (편안해질거야. / 마사지가 편안해지게 하는걸 도울 거야.)
- *Do you feel good?* (기분 좋지?)

D+204

You got it!
Grab the edge of the seat!

잘했어! 의자 가장자리를 잡아!

◎ **You got it!**은 아이를 격려하는 또 다른 표현으로, '네가 해냈어!', 또는 '그렇지, 바로 그거야!' 라는 의미로 사용됩니다.

◎ 어떤 물건의 가장자리분은 **the edge of** ...라고 하며, 꼭지점 부분은 **the corner of** ...라고 합니다. (ex. *Be careful of the corners of the table.* 탁자 귀퉁이 부분 조심해.) 참고로 **on the edge of my seat**라는 표현이 있는데, 이는 '조마조마한'이라는 의미로, 사람들이 흥미로운 상황에 집중하여 몸을 앞으로 기울이고 긴장하여 앉아있는 모습에서 온 표현입니다.

D+158

You wanna sit up?
Let me help you.

일어나 앉고 싶어? 엄마가 좀 도와줄게.

- 누워 있다가 몸을 일으켜 앉는 것을 **sit up** 이라고 합니다. 윗몸일으키기 운동도 sit-up 이라고 하지요. 구부정하게 앉아 있는 사람에게 허리 펴고 바르게 앉으라고 할 때에도 sit up이라고 할 수 있습니다. 반대로 **sit down**은 서 있다가 몸을 낮추어 앉는 모습을 나타내니, sit 뒤에 오는 up 또는 down에 따라 움직임의 방향이 정해진다고 생각하면 됩니다.

- **Let me help you** '엄마가 도와줄게'라는 뜻으로, 문장 통째로 입에 익숙하게 해 두세요.

D+203

Look, this T-shirt has a cute kitty on it.

봐, 이 티셔츠에 귀여운 고양이 그림 있네.

○ '이 티셔츠에 고양이 그림이 있다'는 내용을 직역하면 **There's a kitty on this T-shirt.**라고 할 수도 있습니다. 하지만 영어에서는 물건이 어떤 특징이나 속성을 '가지고 있다'는 의미로 **have** 동사를 사용하는 경우가 매우 많습니다.

- *This book has many interesting stories.* (이 책에는 많은 재미있는 이야기들이 있어.)
- *The phone has a great camera.* (그 핸드폰은 카메라가 엄청 좋아.)

D+159

See, Mommy's stacking cups into a tower!

봐, 엄마가 컵 쌓아서 탑 만들고 있어.

◎ 우리말 '쌓다'에 해당하는 단어 중 **stack**은 특히 가지런히 포개어 쌓는 느낌을 줍니다. 컵 몇 개를 정해진 규칙대로 쌓았다가 무너뜨리는 것을 얼마나 빠르게 하는지 겨루는 신종 스포츠 종목이 있는데, 이 종목의 정식 명칭은 **sport stacking**이며 **speed stacking**이라고도 불립니다.

◎ 어떤 재료나 물건이 다른 결과물로 변화하는 과정은 **into**를 사용해서 말합니다.
(ex. *Mommy's shaping the clay into animals.* 엄마가 점토를 동물 모양으로 만들고 있어.)

D+202

Mommy will be right back.
Can you play nicely with Daddy?

엄마 금방 올게. 아빠랑 잘 놀고 있을 수 있지?

◎ **be back**은 '돌아오다', **be right back** 하면 '금방 돌아오다'가 됩니다. 자주 사용해 보세요.

◎ 우리말로는 보통 '잘 있을 수 있지?' '잘 놀고 있을 수 있지?' 하지만, 사실 우리말의 '잘'은 그 의미가 다소 모호할 때가 많습니다. 이 상황에서 영어로 말할 때에는 **nicely** (착하게, 예의바르게) 또는 **calmly** (차분하게)가 적절합니다.

D+160

She's waving hello to you!
Let's wave back at her.

아주머니가 손 흔들고 인사하시네! 우리도 손 흔들어 드리자.

◌ **wave hello, wave goodbye** '손을 흔들어 인사하다'라는 의미가 됩니다.

◌ **동사+back**은 영어에서 매우 흔한 표현으로, 반대의 방향으로 동작을 다시 수행하는 의미를 나타냅니다.
   - *I will call you back.* (내가 다시 전화할게.)
   - *The baby smiled back at me.* (아기가 나에게 웃어줬어.)

D+201

Is it too grainy for you to eat?

알갱이가 너무 많아? (입자가 너무 커?)

◎ **grain**은 곡물 또는 입자라는 뜻으로, **grainy**는 '입자감이 있는' 이라는 의미입니다. 아이가 입자감 때문에 잘 안 먹는 것 같다면, *I'll make it less grainy next time.* (나중엔 좀 덜 거칠게 만들어 줄게.)라고 말해줄 수 있겠지요?

◎ **too ... for you to ...** '네가 ~하기에 너무 ~한 이라는 이 표현도 다양하게 연습해 봅시다.
 - *This box is too heavy for you to lift.* (이 상자는 네가 들기에 너무 무거워.)
 - *The shelf is too high for you to reach.* (그 선반은 네가 닿기에 너무 높아.)

D+161

Are the lights interesting to you?

불빛이 그렇게 신기해?

○ **interest**는 흥미, 호기심이라는 뜻이지만 동시에 '관심을 끌다'라는 동사의 의미를 가지기도 합니다. -ed나 -ing를 붙여 형용사처럼 바꾸어 쓸 수 있는데, -ing 형태는 그 동작의 주체를, -ed 형태는 그 동작을 받는 대상을 꾸며줍니다.

- **interesting** (관심을 끄는, 흥미로운): *This story is interesting.* (이 이야기는 흥미로워.)
- **interested** (관심이 끌린, 흥미를 느끼는): *I'm interested in history.* (나는 역사에 흥미를 느껴.)

D+200

Let's celebrate your 200 days. Put this party hat on.

200일 기념하자. 이 파티모자 써.

◎ **celebrate**는 '(축하의 의미로) 기념하다'라는 뜻입니다. celebrate 뒤에 100일, 200일, 300일과 같이 기념하는 날의 이름을 넣어서 쓰지요.

◎ 우리가 파티할 때 쓰는 고깔모자는 **cone hat** (원뿔형 모자)라고 하지만, 일상에서는 그냥 **party hat**이라고 하는 것이 더 일반적입니다.

◎ **put on this party hat** 또는 **put this party hat on** 둘 다 가능합니다.

D+162

Let's go buy some kimbap.
But you can't eat it yet.

엄마랑 김밥 사러 가자. 하지만 넌 아직 못 먹어.

○ 앞서 한 번 언급되었듯, **go buy**와 같이 go 뒤에 다른 동사를 연달아 써서 '가서 ~하자'와 같은
  의미로 사용할 수 있습니다.
  - *Let's go read a bedtime story.* (가서 잠자리 이야기 읽자.)
  - *Time to go take a bath!* (가서 목욕 할 시간이야.)

○ 예전에는 김밥을 영어로 표기할 때 첫 글자를 대문자로 써야 했지만, 요즘은 세계적으로 김밥이
  대중화되어 일반명사로 쓰이기 때문에 그럴 필요가 없어졌답니다.

D+199

Can you hear the leaves crunching? Crunch, crunch.

낙엽 바스락대는 소리 들리니? 바스락 바스락.

◎ 낙엽을 밟을 때 나는 바스락대는 소리는 영어로 **crunch**라고 표현합니다. 무엇인가를 아사삭/아자작 먹을 때, 그리고 쌓인 눈을 뽀드득 밟을 때에도 사용할 수 있는데, 동사로도 쓰이고 명사로도 쓰인답니다.

- *She crunched her apple.* (그녀는 사과를 아삭아삭 씹어먹었다.)
- *The snow crunched under our feet.* (우리 발 아래서 눈이 뽀드득거렸다.)
- *the crunch of leaves* (낙엽의 바스락대는 소리)

D+163

Do you fancy a story?

이야기 듣고 싶어?

- **fancy**는 영국 영어에서는 비격식적인 상황에서 '~ 하고 싶다'는 의미로 사용될 수 있습니다.
  - *Do you fancy a cuddle?* (엄마한테 안기고 싶어?)
  - *Do you fancy a walk?* (산책 가고 싶어?)

- fancy의 다른 의미로는 '고급스러운, 장식적인'이라는 뜻이 있고 (ex. *a fancy restaurant* 고급 식당), '상상하다'의 의미로도 사용됩니다 (ex. *I never fancied myself as a writer.* 나는 작가가 될거라고 생각해본 적이 없어요.)

D+198

Oh, you made quite a mess.

이런, 엉망진창을 만들었구나.

◯ mess는 엉망진창인 상태, 또는 많은 문제로 엉망인 상황을 의미합니다. 그냥 **You made a mess** 라고 해도 되지만, **quite** (/콰잇트/ 꽤, 아주)를 넣으면 상황을 강조하게 됩니다. quite로 명사를 강조하는 몇 가지 예문을 더 보겠습니다.
  - That's quite a story. (그거 정말 대단한 이야기네.)
  - That's quite a surprise! (정말 놀랍구나!)

D+164

This book has pop-up pictures. You'll love it.

이 책에서는 그림이 튀어나와. 네가 정말 좋아할 거야.

○ 책을 펼쳤을 때 그림이 튀어나오는 책을 **pop-up book**이라고 하지요? 이 때, 이 그림은 **pop-up picture**라고 합니다. **pop**이라는 단어 자체가 불쑥 나타나다, 튀어나오다, 펑 하고 터지다 등의 의미가 있어 여기저기 다양하게 사용됩니다.

○ 대표적으로 **popcorn**(팝콘)은 '펑'하고 터뜨린 옥수수이고, **popeye**는 깜짝 놀라 휘둥그레진 눈을 나타냅니다. 미국의 유명한 '뽀빠이' 캐릭터의 원래 영어 이름은 **Popeye**인데, 한쪽 눈을 크게 뜨고 있어 그 이름이 붙은 것으로 여겨집니다.

D+197

What animals do we have here?

여기 무슨 동물 있지?

◎ 우리가 동물을 '가지고' 있는 것은 아니지만, '무엇이 있냐'는 질문 상황에서 **have** 동사를 자주 사용한답니다. 그 밖에 사용할 수 있는 다른 표현들도 함께 소개해드립니다.

- *What animals are here?* (여기 어떤 동물들이 있어?)
- *What animals do you see here?* (여기 어떤 동물들이 보여?)

D+165

You're sticking out your tongue again! How silly!

또 혀 내밀고 있구나! 너무 웃기다!

○ **stick out**은 무엇인가가 '삐죽 나오다', 또는 '내밀다' 라는 뜻입니다. 그래서 '눈에 띄다'라는 의미를 갖기도 합니다.

(ex. *You will stick out with that orange hat.* (너 그 주황색 모자 쓰면 엄청 눈에 띌 거야.)

○ **silly**는 '생각이 부족한'이라는 느낌의 단어입니다. 그래서 '멍청한'이라는 뜻도 있지만, '진지하지 않은, 가벼운'이라는 뜻도 있고, '장난스러운, 웃긴, 엉뚱한'이라는 뜻도 있어요. 본문에서 *How silly!*라고 한 것은 '정말 웃기다', '참 장난꾸러기네', '정말 엉뚱하네' 정도로 생각하면 됩니다.

D+196

If you're happy and you know it, clap your hands!

우리 모두 다 같이 손뼉을.

◎ 동요 **If you're happy and you know it**의 첫 소절입니다. 직역하면 '만약 네가 지금 기쁘고 그 사실을 알고 있다면, 박수쳐!' 이지만, 박자를 맞추기 위해 우리말 번역본에서는 '우리 모두 다 같이 손뼉을!' 이라고 하지요.

◎ 버전마다 조금씩 다르긴 하지만, **clap your hands** 부분은 뒷 소절에서 **stomp your feet** (발 굴러), **shout hooray** (만세를 외쳐)로 대체됩니다.

D+166

I'll recline the seat so you can lie back.

엄마가 유모차 뒤로 눕힐게. 네가 누울 수 있게.

◎ 우리말로는 보통 '유모차를 뒤로 눕히다'라고 말하지만, 영어로는 **recline the seat**이라고 합니다. 최근 점점 더 많은 인기를 얻고 있는 가구 '리클라이너'를 떠올리면 쉽겠지요?

◎ '~할 수 있도록'이라고 덧붙이기 위해서 so라는 접속사 뒤에 새로운 절이 옵니다.
  - *I'll open the window so you can get some fresh air.*
    (엄마가 창문 좀 열게. 네가 신선한 공기를 쐴 수 있도록.)
  - *I'll turn off the light so you can sleep better.* (네가 더 잘 잘 수 있도록 엄마가 불 끌게.)

D+195

Your hair has grown a lot.
Now we can even do pigtails.

머리 많이 자랐네. 이제 묶을 수도 있겠어.

◈ 머리카락 한 올 한 올을 셀 때는 **one hair, two hairs** 라고 할 수 있지만, 그냥 전체적인 머리를
  이야기할 때에는 -s를 붙이지 않고 hair라고 합니다. 이전과 비교하여 현재까지 많이 자랐음을
  표현하기 위해 현재완료인 **has grown**을 사용했어요.

◈ 머리를 양갈래로 묶는 것은 **do pigtails**, 하나로 묶는 것은 **do a ponytail**이라고 합니다.

D+167

Do you want mommy to put you in your activity center?

엄마가 액티비티센터(쏘서) 안에 넣어 줄까?

◎ 아기가 다리에 힘을 주지 않고도 엉덩이를 받혀 앉을 수 있는 형태의 놀잇감을 **activity center** 라고 합니다. 우리는 보통 '쏘서/소서'라고 하는데, 이는 특정 브랜드의 제품명이기 때문에 포괄적인 단어는 아니예요.

◎ 비슷한 제품들로 보행기는 **walker**라고 하며, 아기가 타고 앉아 위아래로 뛰는 듯한 동작을 할 수 있게 만들어진 제품은 **jumper**라고 합니다.

D+194

You are two months younger than her.

네가 저 친구보다 2개월 늦게 태어났대.

우리말의 '동갑'은 보통 태어난 해가 같음을 의미하지만, 영미권 문화에는 '동갑'이라는 단어가 없을 뿐만 아니라 '같은 나이'에 대한 구분을 명확하게는 하지 않습니다. 하지만 아기들은 개월 별로 편차가 크기 때문에, 필요할 경우 *My son is two months younger than yours.* (우리 애가 그쪽 아이보다 2개월 늦네요.) 또는 *They are two months apart.* (저 둘은 2개월 차이 나 요.) 등으로 말할 수 있습니다.

D+168

The bonnet looks gorgeous on you.

그 보넷 너한테 정말 잘 어울린다.

- **bonnet**은 주로 신생아와 여자아기가 쓰는 끈으로 묶는 모자입니다. 아기의 머리와 귀를 보호하는 역할도 있지만, 주로 장식으로써의 역할을 합니다.

- 한편, 우리 나라의 미용실 헤어캡과 비슷한 형태의 모자도 bonnet이라고 합니다. 우리에겐 익숙하지 않을 수 있지만, 흑인들의 머리카락은 두껍고 심하게 곱슬거리기 때문에 일부 흑인 여성들은 잘 때 bonnet을 써서 머릿결과 스타일을 보호한다고 합니다.

D+193

Let's try standing on your feet. I'll hold your hands.

발 딛고 서 보자. 엄마가 손 잡아 줄게.

◎ **Let's try ...ing** '~해 보자' 하고 부드럽게 제안하는 표현입니다. **stand on your feet** (발을 딛고 서다) 대신 다음과 같은 표현으로 더 연습해 보세요.
   - 발 한 걸음 떼어보자. (*take a step*)   - 균형을 잡아보자. (*keep your balance*)

◎ 본문에서처럼 손을 '잡다'는 **hold**를, 반대로 손을 '놓다'는 **let go of** 라는 동사구를 사용합니다. 아이가 스스로 균형을 잡을 수 있게 된다면 아래와 같이 말해볼 수 있겠네요.
   - *Let's try standing on your feet. I'll let go of your hands.* (발 딛고 서 보자. 엄마 손 놓을게.)

D+169

We have a health checkup today.
Don't worry, there's nothing to fear.

우리 오늘 건강검진 있어. 걱정 마, 무서울 것 없어.

◎ 우리 나라에서는 정해진 기간마다 아이가 '영유아 검진'을 받도록 되어 있지요. 이 '영유아 검진'은 국가마다 자체적으로 운영하는 사업이니만큼 다른 이름들로 불리고, 시기나 횟수도 모두 다릅니다.

◎ 미국과 캐나다에서는 **well-baby visit** 또는 **well-baby checkup**이라고 하며, 호주에서는 **child health check**이라고 합니다. 영국에서는 **health visitor checks**라고 합니다.

D+192

Broccoli is so yummy, isn't it?

브로콜리 맛있지?

◈ **yummy**는 '맛있다'는 표현으로 **tastes good, is good**과 함께 가장 자주 쓰이는 표현입니다. 뒤에 **isn't it?**을 덧붙여 '그렇지?' 처럼 상대의 동의를 구할 수 있습니다.

◈ **broccoli**는 영어에서는 셀 수 없는 명사로 다루기 때문에 뒤에 -s를 붙일 수 없습니다. 대신, 브로콜리를 작게 자른 조각 두 개는 **two pieces of broccoli**, 브로콜리 두 줄기는 **two heads of broccoli**라고 말합니다. 비록 요즘은 그냥 two broccoli라고 하는 사람도 있지만, 엄밀하게는 틀린 말이예요.

D+170

It's time to start solid foods.
This is rice porridge.

이유식 시작할 때가 됐구나. 이건 쌀 미음이야.

○ 이유식은 **solid foods** (고형식, 고체 음식) 또는 줄여서 **solids**라고 합니다. 보통 첫 이유식으로 쌀 입자를 갈아 미음을 만들어 주지요? 이는 영어로 **rice porridge**라고 하며, 물이나 우유를 넣어 쌀 미음을 바로 끓여 만들 수 있도록 만들어진 제품들을 **rice cereal**이라고 합니다.

○ 그런데 최근 서구 국가들에서는 rice cereal이 영양 성분이 거의 없고 비소(arsenic) 함유량이 높다고 여기는 분위기가 확산되고 있어, 첫 이유식을 오트밀이나 과일 등으로 대신하는 경우가 많아지고 있어요.

D+191

Stay on your back.
We're nearly done.

등 대고 가만히 있어. 거의 다 했다.

◎ 등을 대고 있는 모습은 **on your back** 이고, '...한 상태를 유지하다'는 **stay**라는 동사를 씁니다.
stay를 활용한 몇 가지 변형 표현을 더 확인해 봅시다.
- *Stay under your blanket.* (담요 덮고 있어.)
- *Stay seated while you eat.* (밥 먹을 땐 앉아 있어.)

◎ 앞서도 몇 번 연습했듯, '거의'는 **nearly** 또는 **almost** 등으로, '다 했다'는 **done** 또는 **finished**
등으로 표현할 수 있습니다. 다양한 조합으로 연습해 보세요.

D+171

Would you like to try this banana?

이 바나나 한번 먹어 볼래?

◎ **Would you like to ...** '혹시 ~하고 싶니?' 하고 아기의 의사를 부드럽게 물어보는 표현입니다.

◎ 요즘은 첫 이유식으로 부드러운 과일 등을 아이의 손에 쥐어주고 직접 먹어보게 하는 BLW (baby-led-weaning; 아이주도이유식)를 하는 분위기도 있습니다. **baby-led**는 '아이가 주도하는' 이라는 의미이고, **wean**은 '젖을 떼다', 즉 이제 서서히 모유/분유와 멀어진다는 의미입니다.

D+190

The weather's getting cold.
Shall we turn on the boiler?

날씨가 점점 추워지네. 보일러 켤까?

◈ 난방기기로 우리나라에서는 물을 끓여 데워진 물로 바닥을 따뜻하게 하는 보일러(**boiler**)가 주로 쓰이지만, 북미에서는 데운 공기를 집 전체로 순환시키는 **furnace**가, 유럽권에서는 데워진 물이나 증기가 순환하며 열을 방출하는 **radiator**가 가장 많이 사용됩니다.

◈ 따라서 **turn on the boiler**는 한국인끼리는 괜찮지만, 외국인과의 대화에서는 약간 어색하게 들릴 수도 있어요. **turn on the heat [heater]** (난방을 켜다) 또는 **turn up the thermostat** (온도조절기의 온도를 높이다) 정도가 자연스럽습니다.

D+172

I need to log your nap times.

엄마 네 낮잠 시간 기록 좀 해야겠다.

◎ **log** '무엇인가를 기록하다' 또는 그 '기록'을 의미합니다. 블로그(blog)도 '웹에 기록한다'는 뜻으로 웹-로그(web-log)에서 만들어진 단어이고, 브이로그(vlog)도 '영상으로 기록한다'는 뜻으로 비디오-로그 (video-log)에서 만들어진 단어거든요.

◎ 위 본문을 다음과 같이 표현할 수도 있습니다.
  - *I need to keep track of your nap times.*
  - *I need to write down when you nap.*

D+189

We're almost there!
Hang in there, just a little longer.

우리 거의 다 왔어. 조금만 더 참아.

◎ 목적지에 거의 다 왔다는 표현은 **be almost there** 라고 표현할 수 있어요. 그 밖에 다음과 같은 문장도 자주 사용됩니다.
  - *We're nearly there.*   - *We're so close.*

◎ **Hang in there** 우리말로 '조금만 더 참아', '힘내' 정도의 의미로, 힘든 시기를 겪거나 긴 시간 동안 대기하고 있는 상황에서 사용할 수 있는 표현입니다.

D+173

Look! Big brothers and sisters are making a snowman.

저기 봐! 언니, 오빠(형, 누나)들이 눈사람 만들고 있어.

◎ **brothers / sisters**는 원래는 자신의 가족에게 쓰는 호칭이지만, 맥락에 따라 형제자매가 아닌 아이들을 친근하게 부를 때도 쓸 수 있습니다.

◎ 개인적으로 저는 우리말의 '언니/오빠/형/누나'가 주는 그 특유의 느낌을 살리고 싶어서, 제 아이에게 말할 때는 영어 문장 속에 Unnie(언니), Oppa(오빠)와 같이 섞어서 말해주기도 한답니다.

D+188

You can ride on Daddy's shoulder.

아빠 목말 타자.

◎ 아이가 어른의 양 어깨 위에 앉는 동작을 우리 말로는 '무등타다' 또는 '목말/목마타다'라고
표현하지요? 영어로는 있는 그대로 '어깨 위에 타다 **ride on shoulder**라고 표현합니다.

Do you want to / Will you / How about / Let's / Would you like to 등 다양한 패턴을 활용해
연습해 보세요.

D+174

You are the best thing that ever happened to me.

너는 내 인생에 일어난 가장 좋은 일이야.

○ **You are the best thing** '너는 가장 좋은 일이야'라는 의미입니다. 본문에서는 '내 인생에 일어난' 이라는 의미를 추가하기 위해 **that ever happened to me**라는 표현이 이어졌어요. 비슷한 구조의 예문을 몇 개 더 연습해 볼까요?

- *This is the prettiest flower that ever grew here.* (이건 여기서 자랐던 것 중 가장 예쁜 꽃이야.)
- *This is the best cake that I've ever had.* (이건 내가 먹었던 것 중 가장 맛있는 케익이야.)

D+187

Do you want to face forward?

앞에 보고 싶어?

◎ **face**라는 단어는 '얼굴'이라는 뜻 이외에도, '~쪽을 향하다'라는 의미가 있어요. 그래서 '앞을 보다, 몸을 앞쪽으로 향하게 하다'는 영어로 **face forward** 또는 **look forward**라고 합니다. 유모차나 아기띠에서 그동안 엄마쪽을 바라보다가 세상쪽을 바라보는 상황에 쓸 수 있지요.

◎ 반면에 '엄마쪽을 바라보다'는 **face Mommy** 또는 **look at Mommy**라고 할 수 있습니다.

D+175

Wow, Aunt Jeonghee got you a gift.

우와, 정희이모가 네 선물 가져오셨어.

◌ 우리가 엄마/아빠의 가까운 친구를 이모/삼촌이라고 부르듯, 영어에도 이런 관계를 **aunt, uncle** 이라고 부르는 문화가 있답니다. 해당 단어들 뒤에 이름을 붙여 **Uncle Tom, Aunt Jeonghee** 처럼요. 참고로 aunt는 미국에서는 /앤트/, 영국에서는 /언트(안트)/에 가깝게 발음합니다.

◌ **get someone ...** '누구누구에게 ~을 주다'라는 의미입니다.

D+186

We'll clean your teeth and gums with this finger toothbrush.

우리 이 손가락칫솔로 이랑 잇몸을 닦을 거야.

◌ 이를 닦는 동작은 **brush**라고 표현하는데, 이는 솔 형태로 된 도구로 문지르는 동작을 의미합니다. 반면 **clean**은 깨끗하게 하다는 의미이기 때문에, 칫솔을 사용하거나 천으로 잇몸을 닦는 동작도 모두 포함하여 표현할 수 있어요.

◌ 잇몸은 **gums**라고 하며, 손가락에 끼워 사용하는 아기용 실리콘 칫솔은 **finger toothbrush** 라고 합니다.

D+176

We're gonna take a bath, get dressed,
turn off the lights, have some milk,
sing a lullaby, and then go to sleep.

우리 이제 목욕하고, 옷 입고, 불 끄고, 수유하고, 자장가 부르고, 잘 거야.

◌ 아이가 밤잠을 자러 가기 전에 일관된 수면 의식 루틴을 갖고, 이를 계속해서 말해 주세요.
여러 가지 동작을 나타내는 어구들을 쭉 나열하고, 마지막 어구 직전에 **and**를 붙이면 됩니다.
본문에서는 and 뒤에 **then**을 넣어서 '그 다음에'라는 느낌을 좀 더 강조했어요. 긱자 가정에서의
수면 의식에 맞게 변형해서 연습해 보세요.

D+185

Let's pull your socks up.

양말 쭉 올려 신자.

◎ 양말을 신는 행위 자체는 **put on**을 사용해서 *Let's put on your socks.* (양말 신자.) 라고 합니다.
하지만 양말을 쭉 올려서 신는 동작을 묘사할 때에는 **pull** (끌다, 당기다)를 사용하며, 이 때 방향을
나타내는 **up**이 주로 함께 쓰입니다.

◎ 반대로 양말을 벗을 때 양말을 잡아 내리는 동작은 **pull your socks down** 이라고 할 수 있으며,
돌돌 말아 벗는 경우는 **roll your socks down** 이라고도 할 수 있습니다.

D+177

Your tushie is up in the air. Can you crawl to mommy?

엉덩이 하늘로 번쩍 들었네. 엄마한테 기어올 수 있겠어?

엉덩이를 나타내는 다양한 단어입니다.
- **buttocks**: 다소 격식 있는 표현. 엉덩이 한 짝은 buttock.
- **butt**: buttock의 줄임말. 가장 흔하고 일반적으로 사용되는 표현.
- **bottom**: butt보다는 좀 더 정돈된 느낌으로, 특히 아이들과 대화에서 많이 사용됨.
- **tushie(tushy)**: 주로 어린 아이들 대상으로 사용되는 유아 단어.
- **bum**: 주로 영국에서 사용되는 표현으로, butt과 비슷하지만 좀 더 귀여운 느낌.
[참고] **hips**는 정확하게는 엉덩이가 아니라 골반 부위, 즉 엉덩이의 양 옆쪽 부분을 의미합니다.

D+184

The nursing pillow should be here, but I don't see it.

수유 쿠션이 여기 있을 텐데, 안 보이네.

◌ **... should be here**를 직역하면 '~가 여기 있어야 한다'라는 의미로, 확신에 가까운 추측을 표현합니다. 즉, '무엇인가 여기에 분명 있을 것이다'라는 의미이지요.

◌ 물건을 못 찾겠다는 의미로 *I don't see it.* (안 보이네.) 이외에도, *I can't find it.* (못 찾겠네.), *I don't know where it is.* (어디 있는지 모르겠어.) 등도 자주 쓰이니 활용해 보세요.

D+178

It seems like somebody's teething here!

누구 여기 이 나는 것 같은데!

- **It seems like ...** '~인 것 같다'입니다. 'It looks like ...'와 거의 같은 의미로 사용할 수 있습니다.

- **teethe**라는 단어가 '이가 나다'라는 의미라고 앞서 다룬 적 있지요? You're teething! (너 이가 나는구나!) 라고 하는 대신, Somebody's teething here! (여기 누구 이 나네!)라고 하면 좀 더 재미있는 표현이 됩니다.

D+183

Where does this star go?
Right here!

이 별은 어디로 갈까? 바로 여기지!

○ 도형 맞추기 장난감을 영어로는 **shape sorter** (모양 분류/구분하기) 라고 합니다. 아직 아기가 스스로 하기에는 이르지만, 엄마가 맞추는 모습을 보거나 아기가 도형 자체를 갖고 놀게 할 수 있지요.

본문의 '이 별은 어디로 갈까?'에 해당하는 말로 다음과 같은 표현도 사용할 수 있습니다.

- *Where can we put this star?* (이 별은 어디에 넣을까?)
- *Where does this star match?* (이 별은 어디에 맞지?)

D+179

Are you scared of the robot vacuum?

로봇청소기가 무서워?

○ 청소기는 **vacuum cleaner** (진공 청소기)라고 하는데, 그냥 **vacuum**이라고 하는 경우가 많습니다. 로봇청소기는 **robot vacuum**이라고 하며, 미국에서는 대표적인 로봇청소기 브랜드 이름인 **Roomba**가 거의 로봇청소기와 같은 단어처럼 쓰이기도 합니다.

○ **scare** (겁주다) 역시 단어를 다양한 형태로 바꾸어 쓸 수 있습니다. (D+161 참고)
  - scare : *The robot vacuum scared me.* (로봇청소기가 날 무섭게 했다.)
  - scary : *Is the robot vacuum too scary for you?* (로봇청소기가 너에게 너무 무섭니?)
  - scared : *Are you scared of the robot vacuum?* (로봇청소기가 무서워?)

D+182

It's time to try some water.
Here's your sippy cup.

이제 물 마셔볼 때가 됐어. 여기 빨대컵이야.

○ **It's time for you to ...** '이제 네가 ~할 시간이다'라는 뜻입니다. 이유식을 시작하는 시기에 물도 처음으로 마시게 되지요. 무엇인가를 처음 시도하는 상황은 **try**라는 동사를 사용합니다.

○ **sip**은 '한 모금' 또는 '작은 양을 홀짝이다'라는 뜻으로, 빨대컵은 **straw sippy cup** 또는 그냥 **sippy cup**이라고 합니다. 지역에 따라 **training cup**이라고 하는 곳도 있습니다.

D+180

Let's put it back on the shelf.

이거 선반에 다시 갖다 놓자.

◌ **put ... back** '~를 다시 갖다놓다'는 의미입니다. 위치를 정확하게 얘기해 주고 싶다면 **back** 뒤에 **on the shelf** (선반에), 또는 **in the box** (상자 안에) 등을 덧붙이면 됩니다. 만약 '제자리에' 라고 하고 싶다면, **in its place, where it belongs, where it goes**등으로 표현할 수 있어요.
  - *Put it back in the box.* (상자 안에 다시 넣어 놔.)
  - *Put it back where it belongs.* (제자리에 다시 갖다 놔.)

D+181

Open wide,
here comes the spoon!

입 크게 벌려, 숟가락 들어간다!

- 입을 크게 벌리라는 말은 일상적으로 **Open wide**라고 합니다. '넓게'라고 해서 widely를 떠올리기 쉽지만, **widely**는 우리말의 '광범위하게'에 가까운 뜻으로, 많은 장소나 주제 등을 포함한다는 맥락에 사용됩니다 (ex. *This is widely used in many areas.* 이것은 많은 지역에서 사용된다.)

- **Here comes ...** '여기 ~가 온다!'의 의미입니다. 장난감을 가지고 노는 상황에서도 잘 사용할 수 있어요. (ex. *Here comes the airplane!* 비행기가 날아온다!)